3

곤충 견문락

글과 사진 손윤한

모두가 똑같은 답이 아닌 다른 답이 세상을 변화시키고, 장난이 세상을 유쾌하게 만든다고 생각하는 저자는 매일 산과 들로 다니며 곤충, 풀꽃, 거미, 버섯 등 자연 친구들을 사진에 담아 용인 부아산 자락의 다래울이라는 작은 마을에 1인 생태연구소 '흐름'에서 그들의 삶을 글로 옮기고 있다.

대학에서 신문방송학과 신학을 전공했지만 지금은 자연 생태와 관련된 강연, 생태 교육, 모니터링, 도감 제작 등을 하고 있으며, 아이들과 산과 들로 다니며 생태 관찰과 놀이를 할 때 가장 행복하다.

책으로는 거미의 생태를 다룬 『와! 거미다: 새벽들 아저씨와 떠나는 7일 동안의 거미 관찰 여행』과 물속 생물의 생태와 환경을 다룬 『와! 물맴이다: 새벽들 아저씨와 떠나는 물속 생물 관찰 여행』과 '새벽들 아저씨와 떠나는 밤 곤충 관찰 여행' 『와! 박각시다』『와! 참깽깽매미다』『와! 폭탄먼지벌레다』『와! 콩중이 팥중이다』를 펴냈다.

현재 생태 활동가로 다양한 생태 관련 일을 하고 있다.

곤충 견문락 ③

초판 1쇄 발행일 | 2022년 05월 13일

지은이 | 손윤한
펴낸이 | 이원중

펴낸곳 | 지성사 **출판등록일** | 1993년 12월 9일 등록번호 제10−916호
주소 | (03458) 서울시 은평구 진흥로 68, 2층
전화 | (02) 335−5494 **팩스** | (02) 335−5496
홈페이지 | www.jisungsa.co.kr **이메일** | jisungsa@hanmail.net

ⓒ 손윤한, 2022

ISBN 978−89−7889−497−5 (04490)
      978−89−7889−494−4 (세트)

곤충
견문락 見聞樂

글과 사진 **손윤한**

지성사

일러두기

1. 이 책은 곤충에 대한 정의, 한살이, 생태 특징, 분류 등에 관한 이야기를 사진으로 전달하는 관찰기록입니다.

2. 각 종에 대한 이해를 돕기 위해 다양한 각도에서 찍은 사진을 설명과 함께 실었습니다. 이 책에 실린 구체적인 수치, 예를 들어 날개편길이, 몸길이, 출현 시기 등은 도감이나 다양한 자료에서 인용했으며 필요한 경우 출처를 본문에서 밝히거나 책 뒤 참고 자료로 정리했습니다.

3. 이 책에 실린 곤충 이름은 '국가생물종목록(2019)'에 따랐으며 아직 목록에 올라 있지 않은 곤충 이름이나 바뀐 이름 등은 괄호 안에 이전 이름과 같이 표기하거나 괄호 안에 '신칭'으로 따로 표기했습니다. 예를 들어 발해무늬의병벌레(노랑무늬의병벌레), 북방색방아벌레(노란점색방아벌레), 이른봄꽃하늘소(신칭)처럼 말이죠. 괄호 안의 이름이 이전 이름으로 바뀐 이유에 대해서는 본문에 설명했습니다.

4. 이 책에 실린 사진은 모두 필자가 찍은 것으로 필요한 경우에만 날짜를 표기했습니다.

5. 이 책은 우리나라에 사는 곤충 가운데 필자가 관찰한 곤충을 일반적인 분류 방식에 따라 정리했습니다.

곤충 이야기

'보고 듣다'는 한자로 '시視, 청聽'이라고 합니다. 그래서 TV를 보는 사람을 시청자라고 하죠. 학교에 가면 시청각 교실이 있는데 여기서도 주로 보고 듣는 교육이 이루어집니다. 그런데 같은 '보고 듣다'를 때로는 견見, 문聞이라고도 표현합니다.

시視와 청聽 그리고 견見과 문聞. 우린 이미 이 단어를 생활 속에서 적절하게 구분해 사용하고 있습니다. 보고 듣는 것은 같지만 TV를 보는 사람을 견문자라고 하지 않고 시청자라고 한다든가, 여행을 통해 얻은 지식이 많으면 시청이 넓어졌다고 하지 않고 견문이 넓어졌다고 하는 식으로 말이죠.

노자의 『도덕경』 14장에 보면 "시지불견視之不見, 청지불문聽之不聞"이라는 구절이 있습니다. '시視하면 견見할 수 없고, 청聽하면 문聞할 수 없다' 정도로 해석할 수 있을까요? 다양하게 해석할 수도 있지만 저는 나름대로 이렇게 풀이해 봅니다. 시視가 있으면 견見을 얻을 수 없고, 청聽이 있으면 문聞을 얻을 수 없다고 말이죠. 시와 청이라는 단어는 내가 감각의 주체가 될 때 주로 쓰고,

견과 문은 감각의 객체가 될 때 주로 쓰는 단어입니다.

숲에 들어갈 때 보고 싶은 것, 봐야만 할 것 등 자신의 감각을 주도적으로 사용하는 사람과 보이는 대로, 들리는 대로 숲에 들어가는 사람이 있다고 합니다. 숲과의 교감을 원하는 사람은 아마 후자의 경우이겠지요. 숲이 보여주는 대로, 들려주는 대로 그대로 보고 듣다 보면 어느새 숲과 하나 된 자신을 발견할 수 있을 겁니다. 자신의 감각을 주도적으로 사용해 보고 싶은 것만 보고 듣고 싶은 것만 듣는다면 숲과 하나가 되기는 힘들 겁니다. 숲과 교감하기보다는 숲을 평가하고 판단하게 될 것이며 자신의 잣대로 숲을 '재단'하게 되겠지요.

책 제목에 들어 있는 견문見聞은 이런 뜻입니다. 곤충에 대한 이야기를 보여주는 대로 들려주는 대로 풀어보려는 의도입니다. 그리고 그 과정이 단순한 '기록錄'이 아닌 '즐거움樂'의 과정이었기에 록錄이 아니라 락樂입니다.

곤충 견문락見聞樂! 보여주는 대로, 들려주는 대로 풀어본 곤충에 대한 이야기이며, 이는 숭고한 즐거움입니다. 바라건대, 이 책을 통해 곤충에 대한 시청이 넓어지기보다는 견문이 넓어졌으면 좋겠습니다. 그리고 그 과정이 즐거움이고 신나는 일이었으면 더더욱 좋겠습니다.

이 책은 도감 형식의 책이라든가 생태만을 중점적으로 설명하는 책이 아닙니다. 그렇다고 전문적인 분류학이나 곤충학學에 관한 책은 더더욱 아닙니다. 이 모두를 다루기는 하지만 이들 언저리 어디쯤 자리할 만한 책입니다.

한 번쯤 들어봤음 직한 이야기를 시작으로 곤충의 분류나 한살이, 그리고 종별 특징 등을 이야기하듯 풀어보았습니다. 직접 찍은 사진을 많이 사용했으며, 필요에 따라 표나 그림을 이용했습니다. 통계나 전문적인 연구 성과로 나타난 수치들은 인용 시 출처를 밝혀 이 부분에 대해 더 자세히 알고 싶은 사람들에게 도움이 되도록 했습니다.

모든 곤충을 이야기하지는 않습니다. 주로 우리 주변에서 조금만 관심을 가지면 만날 수 있는 곤충을 중심점에 두고 그 주변을 함께 살펴봅니다. 그리고 곤충 분야에서 새롭게 떠오르고 있는, 예를 들면 기후변화와 관련된 이야기, 멸종위기종이나 보호종 등에 대한 이야기도 필자가 직접 찍은 사진을 가지고 설명했습니다.

여기에 실린 자료와 내용들은 자신의 연구 분야와 관심 분야에서 지속적으로 연구하고 관찰한 분들의 결과물인 책이나 인터넷 자료의 도움이 컸습니다. 잠자리, 나비, 나방, 노린재, 딱정벌레, 애벌레, 벌, 파리, 하늘소, 메뚜기……. 이분들의 책과 자료가 좋은 지침이 되었습니다. '곤충 견문락'에 실린 구체적인 수치들이나 특정 관찰 결과들은 이분들의 자료 도움 없이는 힘들었을 것입니다.

자신의 분야에서 묵묵히 이 일을 하시고 결과물까지 만들고, 그것을 아낌없이 공유해 주신 모든 분에게 존경과 감사의 박수를 보냅니다.

이 책은 곤충들에 대한 이야기이지만 사실은 저의 이야기일 수 있습니다. 곤충들을 만나 사진으로 기록하고 정리하는 일 속에서 보고 느낀 것을 기록한 개인적인 결과물입니다. 그래서 객관적인 정보보다는 주관적인 느낌을 전

달하려고 노력했습니다. 관심을 가지고 잠깐만 검색해 보면 알 수 있는 정보
보다는 저의 느낌을 전달하려고 애썼습니다.

이런 전달 수단으로 사진을 택했습니다. 제가 가장 좋아하고 잘할 수 있으
며 지속적인 작업이 가능한 것이 사진이기 때문입니다. 되도록 설명보다는
다양한 사진을 보여드리려고 했습니다. 다양한 모습을 보고 나면 그 대상에
대해 더 잘 이해할 수 있을 것이라는 생각 때문입니다.

이 책은 '연구'의 결과물이 아닌 '관찰'의 결과물이며 '사실'을 정리한 책이
아닌 '느낌'을 사진으로 채운 책입니다. 나아가 좋아하는 일을 계속할 수 있
었던 그 일에 대한 즐거움의 '과정'이기도 합니다.

본격적인 곤충에 대한 이야기를 하기 전에 먼저 요즘 일반적으로 사용되
고 있는 곤충 분류표를 설명하는 것으로 시작해 보겠습니다. '일반적으로' 사
용된다고 토를 단 이유는 곤충 분류가 조금씩 다르기 때문입니다. 또한 분류
의 방식이 계속해서 변하고 있기 때문이기도 합니다.

참, 이 책에서 곤충이라는 명칭은 몸이 머리, 가슴, 배로 이루어진 절지동
물(마디로 이루어진 동물)로 더듬이는 한 쌍, 다리는 세 쌍인 동물을 지칭합니
다. 일반적으로 날개가 두 쌍인 조건도 이야기하지만 이 책에서는 날개가 없
는 무시류에 대해서도 이야기할 생각이므로 날개가 두 쌍이라는 일반적인 정
의는 포함하지 않았습니다.

● 곤충 분류표

❶ 무시아강			돌좀목, 좀목
❷ 유시아강	❸ 고시류		하루살이목 잠자리목
	❹ 신시류	❺ 외시류	❻ 메뚜기군	❼ 귀뚜라미붙이목(갈르와벌레목) ❽ 바퀴목(바퀴, 사마귀, 흰개미) 흰개미붙이목 강도래목 집게벌레목 메뚜기목 대벌레목
			❾ 노린재군	다듬이벌레목 이목 총채벌레목 ❿ 노린재목(매미아목)
		⓫ 내시류		⓬ 풀잠자리목(명주잠자리, 풀잠자리, 사마귀붙이, 뱀잠자리) ⓭ 약대벌레목(새로운 명칭) 딱정벌레목 부채벌레목 벌목 밑들이목 벼룩목 파리목 날도래목 나비목

곤충의 분류

곤충은 동물계 – 절지동물문 – 곤충강에 속합니다. 이 곤충강은 날개(시翅)의 유무를 기준으로 무시아강과 유시아강으로 나뉩니다. 날개가 없는 곤충은 무시아강, 날개가 있는 곤충은 유시아강에 속합니다.

유시아강은 다시 날개를 배 위로 겹쳐 접을 수 있느냐 없느냐를 기준으로 고시류와 신시류로 나뉩니다. 날개를 배 위로 겹쳐 접을 수 없는 곤충이 고시류에 속합니다. 잠자리와 사마귀의 날개 접는 방식의 차이를 생각해보면 이해가 빠를 겁니다. 우리나라에 사는 곤충들 가운데 하루살이목과 잠자리목만이 고시류에 속합니다.

신시류는 다시 외시류와 내시류로 나뉘는데, 이때 번데기 유무가 기준입니다. 알 – 애벌레 – 성충 단계를 거치는 안갖춘탈바꿈(불완전변태)을 하는 곤충은 외시류, 알 – 애벌레 – 번데기 – 성충의 단계를 거치는 갖춘탈바꿈(완전변태)을 하는 곤충이 내시류입니다.

외시류는 다시 입의 형태에 따라 씹어 먹는 입(입틀)인 메뚜기군과 빨아 먹는 입

(입틀)인 노린재군으로 나뉩니다. '입(입틀)'이라고 쓰는 이유는 곤충의 입이 우리와는 달리 매우 구조가 복잡해서 보통 입틀 또는 구기口器라고 하기 때문입니다.

외시류와 달리 번데기 단계를 거치는 내시류는 유충과 성충의 형태가 전혀 다르며, 딱정벌레를 비롯해 많은 곤충이 여기에 속합니다.

납작돌좀 대표적인 무시류로 날개가 없는 원시적인 곤충이다. 이끼 낀 바위 위를 납작한 새우처럼 돌아다닌다.

❶ 무시아강: 날개(시翅)가 없는(무無) 곤충으로 납작돌좀, 좀 등이 이에 속한다. 일개미처럼 날개가 퇴화된 곤충은 유시아강으로 다룬다.

❷ 유시아강: 날개가 있는 곤충으로 대부분의 곤충이 여기에 속한다.

❸ 고시류: 옛날(고古) 형태의 날개(시翅)를 가진 곤충으로 날개를 배 위에 겹쳐 접을 수 없다. 우리나라에 사는 곤충으로는 하루살이목과 잠자리목이 있다. 한살이도 독특하다. 하루살이는 알 – 애벌레 – 아성충 – 성충을 거치며, 잠자리는 알 – 애벌레 – 미성숙 – 성숙 단계를 거친다.

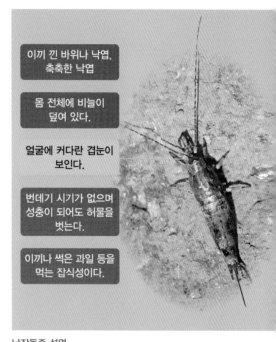

이끼 낀 바위나 낙엽, 축축한 낙엽

몸 전체에 비늘이 덮여 있다.

얼굴에 커다란 겹눈이 보인다.

번데기 시기가 없으며 성충이 되어도 허물을 벗는다.

이끼나 썩은 과일 등을 먹는 잡식성이다.

납작돌좀 설명

좀 역시 대표적인 무시류로 이름과 달리 아름다운 곤충이다.

동양하루살이 아성충 날개가 불투명하다. 아성충 단계를 거친
후 성충이 된다.

동양하루살이 성충 날개가 투명하다. 아성충에서 허물을 한 번
벗어야 성충이 된다. 이 과정은 물이 아닌 육상에서 이루어진다.

대표적인 외시류인
밑들이메뚜기
허물을 벗으면서 성장한다.
번데기 과정 없이 성충이
된다. 허물벗기는 거꾸로
된 자세에서 이루어진다.

❹ 신시류 : 날개가 새로운(신新) 형
태의 무리로, 고시류를 제외한
유시아강의 곤충이다.

❺ 외시류 : 밖(외外)에서 날개가
자라는 것이 보이는 곤충으로
알 – 애벌레 – 성충의 안갖춘탈
바꿈을 한다. 번데기를 만들지
않고 허물을 벗으면서 성장한
다. 허물을 벗을 때마다 날개가
자라는 게 보인다.

❻ 메뚜기군 : 번데기를 만들지 않
는 외시류 가운데 입(입틀)이

씹어 먹는 형태로 된 곤충이다.

귀뚜라미붙이목의 오대산갈르와벌레

❼ **귀뚜라미붙이목(갈르와벌레목)**: 갈르와벌레목이라고 했던 것을 최근에 귀뚜라미붙이목이라 부른다. 참고로 '갈르와'는 이 곤충을 처음 발견한 프랑스 학자의 이름이다.

❽ **바퀴목(사마귀아목, 흰개미아목)**: 난협목이라고도 하는데 주로 알집을 만드는 곤충이다. 예전에는 바퀴목, 사마귀목, 흰개미목이 독립적으로 분류되었지만 현재는 모두 바퀴목으로 통일하고, 사마귀목이나 흰개미목은 바퀴목 안의 하위 개념에 속한다.

❾ **노린재군**: 번데기를 만들지 않는 외시류 가운데 입(입틀)이 빨아 먹는 형태로 된 곤충이다.

❿ **노린재목(매미아목)**: 예전에는 노린재목과 매미목이 독립적으로 분류되었지만, 현재는 매미목은 노린재목의 하위 개념에 속한다. 예를 들어 참매미의 분류는 노린재목 – 매미아목 – 매미과 – 참매미이다.

⓫ **내시류**: 유시아강 가운데 번데기를 만드는 곤충 무리다. 날개가 애벌레의 몸속(체벽 안쪽)에서 만들어지기 때문에 내(안 내內)시류라고 하며 이 날개는 번데기 시기에 처음으로 몸 밖으로 나온다.

⓬ **풀잠자리목(뱀잠자리과)**: 예전에는 풀잠자리목, 뱀잠자리목이 독립적으로 분류되었지만 현재는 뱀잠자리목은 풀잠자리목 안에 포함된다. 예를 들

노란뱀잠자리 잠자리 집안이 아닌 풀잠자리 집안에 속한다.

어 노란뱀잠자리는 풀잠자리목 – 뱀잠자리과 – 노란뱀잠자리이다.

이 무리에는 이름에 잠자리가 붙었지만 잠자리 무리가 아닌 곤충이 있다. 풀잠자리, 명주잠자리, 뿔잠자리, 노랑뿔잠자리, 뱀잠자리 등으로, 이들은 고시류의 잠자리와는 완전 다른 내시류 분류군에 속한다.

이름에 사마귀가 있는 사마귀붙이도 풀잠자리목에 속한다. 번데기 시기가 없으면서 씹어 먹은 입(입틀)인 사마귀와는 완전 다른 내시류 분류군이다. 풀잠자리목에 속한 곤충들은 번데기를 만드는 갖춘탈바꿈을 한다.

❸ 약대벌레목(신칭): 예전에는 풀잠자리목에 속했지만 현재는 풀잠자리와는 다른 특징들이 밝혀지면서 약대벌레목이라는 새로운 분류군이 생겼다. 약대는 낙타의 옛말(고어)이다.

약대벌레 애벌레 주로 나무껍질 속에서 생활한다.

약대벌레 성충 기어 다니는 모습이 약대(낙타)를 닮았다.

곤충 분류표를 이해하면 곤충을 만나고 관찰하는 일이 더 깊어지고 재미 있습니다. 그리고 모르는 곤충을 만나도 조금만 관심을 기울이고 노력하면 어느 집안에 속하는지 알아채기 쉽고 이를 바탕으로 이름이나 한살이 등의 생태를 짐작할 수 있습니다.

그럼, 이 곤충이라는 생명체는 전체 생물 분류군에서 어떤 위치에 있을까 요? 이 책에서 분류를 전문적으로 다루지는 않지만, 곤충이라는 생명체가 전 체 동물 분류군에서 어떤 위치에 속하는지 알고 나면 곤충을 이해하는 데 도 움이 될 겁니다. 나아가 곤충과 종종 혼동되는 거미, 톡토기, 노래기 등 우리 가 일반적으로 '벌레'라고 부르는 개체들이 어떤 분류군에 속하는지 쉽게 이 해가 될 겁니다.

동물계	❶ 절지동물문	❷ 협각아문			거미, 전갈, 응애 등
		❸ 다지아문			노래기, 지네 등
		❹ 갑각아문			새우, 가재 등
		❺ 육각아문	❻ 내구강		톡토기, 낫발이, 좀붙이 등
			❼ 곤충강	무시아강	돌좀, 좀 등
				유시아강	무시아강 외 모든 곤충

❶ 절지동물문節肢動物門: 부속지에 마디가 있는 동물의 분류군

❷ 협각아문鋏角亞門: 절지동물문의 한 아문으로 '협각鋏角'이란 먹이를 쥐는 뾰족한 부속지라는 뜻이다. 보통 머리가슴부(두흉부)와 배(복부) 두 부 분으로 이루어졌으며 더듬이(촉각)는 없고 입 앞에 제1부속지가 협각이 라는 먹이 먹는 입 같은 형태로 변형되었다.

협각

협각류인 적갈논늑대거미 독이빨(독니)라고 부르는 것이 협각
이다. 털북숭이 늑대거미로 몸이 '적갈색'이다.

협각류인 전갈 종류(사육하는 개체)

❸ 다지아문多肢亞門: 다리가 여러 개인 절지동물문의 한 아문이다.

❹ 갑각아문甲殼亞門: 갑옷 형태의 딱딱한 겉껍질이 몸을 감싸고 있으며 주
로 물속 생활을 한다.

❺ 육각아문六脚亞門: 다리가 6개인 절지동물의 한 분류군이다.

❻ 내구강內口綱: 입(구기)이 침 형태로 머리 안쪽에 숨겨져 있어 붙인 이름
이다. 곤충과 달리 눈이 겹눈이 아니라 몇 개의 홑눈으로 되어 있는 등
곤충과는 몇 가지 다른 점이 있다.

다지류인 왕지네 밤 숲에 가면 자주
보인다.

다지류인 황주까막노래기 하천가 등 습기가 많
은 곳에 가야 쉽게 만날 수 있다.

갑각류인 가재

다리 6개, 겹눈이 발달하지 않았다. 배 끝에 도약기, 탈바꿈을 하지 않는다.

톡토기

수컷이 정자 방울을 만들어 바닥에 붙여두면 암컷이 주워 가는 방식으로 수정한다.

톡토기

내구류인 알톡토기류

민들레 위에 있는 알톡토기류를 확대한 사진

❼ 곤충강昆蟲綱: 몸이 머리, 가슴, 배 세 부분으로 되어 있고 다리가 3쌍, 더듬이는 한 쌍, 보통 2개의 겹눈과 3개의 홑눈(2개이거나 없는 곤충도 있다), 그리고 4쌍의 날개(또는 날개가 없거나 한 쌍으로 변형된 곤충도 있다) 가 있다.

13

풀잠자리목

곤충강 유시아강 신시류 내시류에 속하는 무리로 풀잠자리과, 뱀잠자리과, 사마귀붙이과, 명주잠자리과, 뿔잠자리과 등이 속합니다. 우리나라에 대략 40여 종 이상이 산다고 알려졌습니다. 날개를 펴면 잠자리와 비슷하게 생겼지만, 더듬이가 잠자리보다 훨씬 길고 날개를 배 위에 지붕 모양으로 겹치고 쉬는 점이 다릅니다.

씹어 먹는 입틀(구기)이며 애벌레와 성충은 대부분 진딧물 같은 작은 곤충을 잡아먹는 육식성 곤충입니다. 몸은 길쭉하고 머리가 작으며 겹눈이 튀어나와 있습니다. 보통 앞뒤 날개의 크기와 모양이 비슷하며 그물 모양의 날개맥이 있습니다.

풀잠자리에 관한 자료는 아직 많지 않습니다. 특히 애벌레에 대한 자료가 그렇습니다. 색과 무늬가 다양한 애벌레들이 보이지만 이름을 불러주기가 만만치 않습니다. 자료마다 다르기도 하고요. 추정 정도는 할 수 있지만 정확하게 이름표를 다는 것은 힘듭니다.

풀잠자리목	풀잠자리상과	풀잠자리과	풀잠자리, 칠성풀잠자리, 몸노랑풀잠자리 등
		빗살수염풀잠자리과	빗살수염풀잠자리 등
	가루풀잠자리상과	가루풀잠자리과	소나무뒷날개가루풀잠자리 등
	나방풀잠자리상과	나방풀잠자리과	
		큰풀잠자리과	
	보날개풀잠자리상과	보날개풀잠자리과	모시보날개풀잠자리, 보날개풀잠자리 등
		꼭지풀잠자리과	꼭지풀잠자리 등
	사마귀붙이상과	사마귀붙이과	사마귀붙이, 애사마귀붙이 등
	명주잠자리상과	명주잠자리과	명주잠자리 등
		뿔잠자리과	뿔잠자리, 노랑뿔잠자리
	뱀잠자리붙이상과	뱀잠자리붙이과	애뱀잠자리붙이 등
	뱀잠자리상과	뱀잠자리과	노란뱀잠자리, 얼룩뱀잠자리 등
		좀뱀잠자리과	가는좀뱀잠자리, 한국좀뱀잠자리 등

물론 '알'도 마찬가집니다. 풀잠자리 종류가 낳은 알인 것은 확실한데 정확하게 어떤 풀잠자리가 낳은 알인지를 구별하기가 어렵습니다. 여기에서는 추정 정도로만 하고 사진을 싣는 것으로 대신합니다(괄호 안은 관찰한 날짜).

풀잠자리 애벌레는 대표적인 육식성으로 진딧물이나 다른 곤충의 알 등을 먹습니다. 하지만 정확하게 애벌레를 구별하기가 힘듭니다. 얼굴 앞의 뿔 같은 큰턱의 모양이라든가 겹눈 앞의 무늬, 그리고 배 윗면의 색깔이나 무늬 등을 종합해서 구별합니다. 그렇다 해도 구별하기가 만만치 않아 여기에서는 사진과 함께 간단하게 설명하는 것으로 대신합니다(괄호 안은 관찰한 날짜).

노란가슴풀잠자리 알 추정(09. 26.)

노란가슴풀잠자리 알 추정(06. 11.) 이렇게 뭉쳐서 알을 낳는 풀
잠자리 가운데 한 종이 노란가슴풀잠자리이다. 하지만 외국 자
료를 보면 이런 형태로 알을 낳는 종이 더 있다.

노란가슴풀잠자리 알 추정(11. 24.)

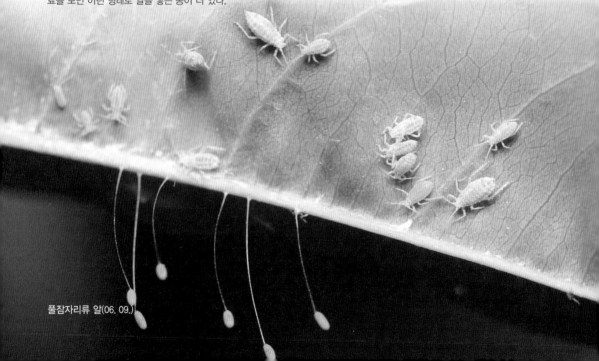

풀잠자리류 알(06. 09.)

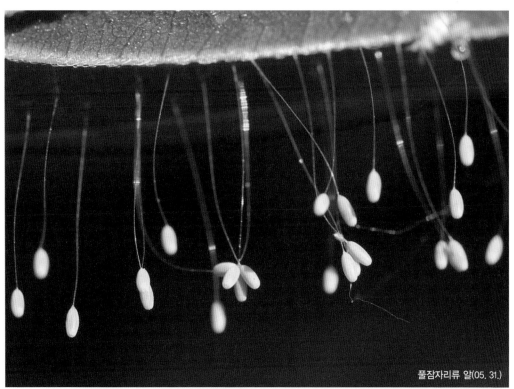

풀잠자리류 알(05. 31.)

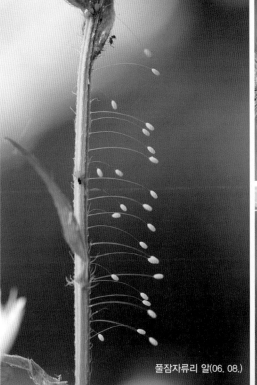

풀잠자류리 알(06. 08.)

풀잠자리류 알(07. 17.)

풀잠자리류 알(08. 12.)

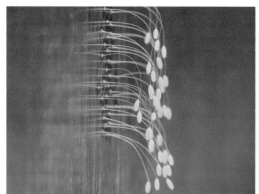
풀잠자리류 알(06. 17.)

풀잠자리류 알(06. 18.)

몸노랑풀잠자리 알(08. 24.)

짝짓기를 하고 있는 풀잠자리류
오른쪽이 암컷이다.(07. 02.)

어리줄풀잠자리 애벌레 추정(06. 19.) 진딧물을 사냥하고 있다.

어리줄풀잠자리 애벌레(07. 11.)

알에서 막 부화한 풀잠자리류 애벌레(07. 02.)

풀잠자리류 애벌레(11. 05.) 크기를 짐작할 수 있다.

풀잠자리류 애벌레(06. 13.) 자신의 허물이나 주변에 있는 다양한 부스러기들을 등에 짊어지고 다니고 있다. 자신을 보호하기 위한 수단이다.

풀잠자리류 애벌레(07. 14.)

풀잠자리류 애벌레(07. 24.)

풀잠자리류 애벌레(07. 30.) 거미 알집 주변을 서성거리고 있다. 거미 알을 먹는 것으로 보인다.

풀잠자리류 애벌레(08. 12.) 파리매 알집을 헤치고 있다. 알을 먹는 것으로 보인다.

풀잠자리류 애벌레의 사냥(09. 09.)

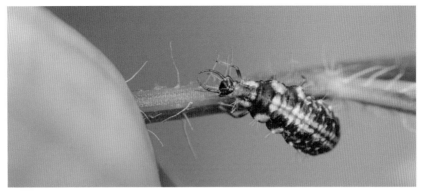

풀잠자리류 애벌레(09. 30.)

풀잠자리류 애벌레(10. 23.)

풀잠자리류 애벌레가 진딧물을 잡아먹고 있다.

풀잠자리는 알-애벌레-번데기-성충의 단계를 거치는 갖춘탈바꿈을 하는 무리로, 번데기를 만들기 위해 고치를 만듭니다. 고치 속에서 나용裸蛹(성충의 모습이 그대로 보이는 번데기, 나비같이 성충의 모습이 번데기에서 보이지 않는 번데기는 '피용被蛹이라고 함) 형태의 번데기가 되는 것이지요.

고치는 나무껍질이나 나뭇잎 등에 만들며 다양한 곳에서 만날 수 있습니다. 날개돋이할 때는 마

풀잠자리류 애벌레가 고치 만들 준비를 하고 있다.(06. 13.)

풀잠자리류 고치(02. 09.)

풀잠자리류 고치(03. 22.)

풀잠자리류 고치(04. 13.)

풀잠자리류 고치(04. 08.) 크기를 짐작할 수 있다.

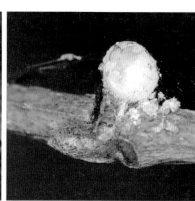

풀잠자리류 고치(09. 24.)

풀잠자리류 고치(10. 25.)

풀잠자리 고치(11. 26.)

풀잠자리류 날개돋이
근처에 종령 애벌레의 허물과
고치가 같이 있는 게 보인다.

치 깡통을 따듯이 매끄럽게 윗부분을 열고 나옵니다. 날개돋이를 끝난 뒤에
고치를 보면 아주 매끄럽습니다.

● 풀잠자리과(풀잠자리상과)

풀잠자리 성충들에 관한 자료도
많지 않습니다. 무늬와 색깔 등을
보고 구별하는데 이마저도 개체
마다 차이가 커서 확신할 수가 없
습니다. 여기서는 최대한 비슷한
종을 모아 이름을 붙입니다만 몸
형태나 더듬이의 길이 등 자세한
부분에서 조금씩 다른 개체도 보
입니다. 사진과 간단하게 설명하
는 것으로 대신합니다.

풀잠자리 몸길이는 20mm 내외. 성충과 애벌레 모두 진딧물 등
을 잡아먹는다. 더듬이는 길고 겹눈 사이에 X 자 무늬가 있으며
앞가슴등판에 검은색 점이 있다.

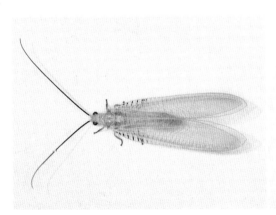

몸노랑풀잠자리 2015년 국명이 부여되었다.

몸노랑풀잠자리 더듬이는 몸길이보다 길고 날개 앞쪽 가장자리에 검은색 줄무늬가 나타난다. 밤에 불빛에 찾아든 개체다.

몸노랑풀잠자리 몸이 전체적으로 노란색이며 얼굴에 별다른 무늬가 없다.

줄풀잠자리 몸길이는 11~14mm다. 머리에 줄무늬가 있어 붙인 이름이다. 7월 말 밤에 만난 개체다.

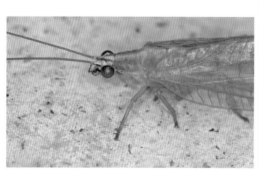

줄풀잠자리 얼굴 머리 정수리 부분에 붉은색의 Y자 무늬가 나타난다.

줄풀잠자리 한여름 밤에 불빛에 찾아든 개체다. 머리 부분이 붉게 보인다.

어리줄풀잠자리 몸길이는 13~14mm다.

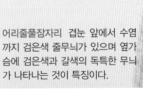

어리줄풀잠자리 겹눈 앞에서 수염까지 검은색 줄무늬가 있으며 옆가슴에 검은색과 갈색의 독특한 무늬가 나타나는 것이 특징이다.

어리줄풀잠자리 밤에 많이 관찰되는 종이다. 주로 6~9월에 많이 보인다. 애벌레와 성충 모두 진딧물 등을 잡아먹는 육식성이다.

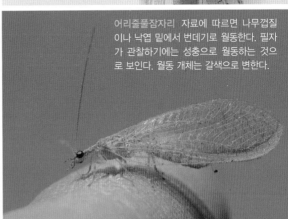

어리줄풀잠자리 자료에 따르면 나무껍질이나 낙엽 밑에서 번데기로 월동한다. 필자가 관찰하기에는 성충으로 월동하는 것으로 보인다. 월동 개체는 갈색으로 변한다.

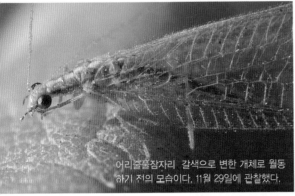

어리줄풀잠자리 갈색으로 변한 개체로 월동하기 전의 모습이다. 11월 29일에 관찰했다.

어리줄풀잠자리 월동 성충이다. 늦가을에 관찰한 색 그대로 겨울을 지내고 있다. 2월 19일에 관찰했다.

어리줄풀잠자리 11월 28일에 본 개체로 월동하기 전의 모습이다.

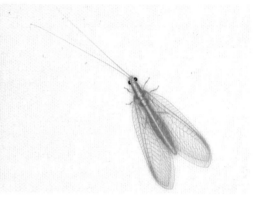

흰띠풀잠자리 몸길이는 10~12mm, 성충은 5~10월에 주로 보인다.

흰띠풀잠자리 머리에서 배 끝까지 윗면에 세로로 연황색의 줄무늬가 나타난다. 이 줄무늬는 끊어지지 않고 끝까지 이어진다.

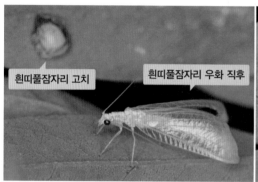

흰띠풀잠자리 고치 　흰띠풀잠자리 우화 직후

흰띠풀잠자리 종령애벌레 허물 　흰띠풀잠자리 고치 　흰띠풀잠자리

흰띠풀잠자리 우화 직후의 모습이다. 뒤에 고치와 종령 애벌레의 허물이 보인다.

칠성풀잠자리 몸길이는 14~15mm, 성충은 5~10월에 보인다.

칠성풀잠자리 얼굴에 점이 7개 있어 붙인 이름이지만 개체마다 차이가 있다. 밤에 만난 개체다.

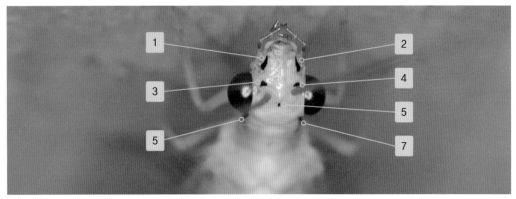

칠성풀잠자리 얼굴 크기와 모양이 다른 검은색 점 7개가 보인다.

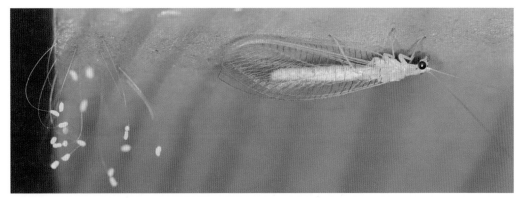

알과 같이 있는 칠성풀잠자리 알에서 부화한 애벌레는 3번의 탈피를 거친 후 고치를 만들고 번데기가 된다.

칠성풀잠자리 애벌레와 성충 모두 진딧물 등을 잡아
먹는 육식성이다. 이전에 칠성풀잠자리붙이로 불렸으
나 칠성풀잠자리로 국명이 바뀌었다.

노란가슴풀잠자리 2018년 「국가생물종목록」에는 '노란가슴풀잠자리'로 기재되어 있지만 다른 자료에는 '노랑가슴풀잠자리'로 되어 있다. 목록에 따라 노란가슴풀잠자리로 한다.

노란가슴풀잠자리 다른 풀잠자리들보다 몸이 큰 편이다. 생태 정보가 부족하다.

노란가슴풀잠자리 봄부터 가을까지 보이는데 밤에 불빛에도 잘 찾아든다. 겹눈 뒤에 검은색 점무늬가 있고 앞가슴, 가운데가슴, 뒷가슴 윗면이 넓은 줄무늬 같은 노란색이다.

노란가슴풀잠자리 윗면의 노란색이 배 끝까지 이어지지 않는 것이 흰띠풀잠자리와 다르다.

노란가슴풀잠자리 날개돋이 직후의 모습이다.

풀잠자리류(04. 14.) 원래 색인지, 아니면 월동 개체인지 확인하기 어렵다.

풀잠자리류(*Apertochrysa kichijoi*로 추정되는 개체) 풀잠자리류(07. 12.)
가슴 옆면에 붉은색 줄무늬가 인상적이다.

● 빗살수염풀잠자리과(풀잠자리상과)

- ■■■ 빗살수염풀잠자리 암컷 수컷의 더듬이가 빗살 모양이라 붙인 이름이다. 수컷과 더듬이 모양만 빼곤 거의 비슷하다. 빗살수염 풀잠자리과에는 우리나라에 이 1종밖에 없다.
- ■■■ 빗살수염풀잠자리 날개에 얼룩무늬가 흩어져 있으며 암컷은 더듬이가 실 모양이다.
- ■■■ 빗살수염풀잠자리 몸 전체와 다리에 긴 털이 많이 나 있다. 털 때문에 물방울이 날개에 스미지 못한다. 이름을 제외하곤 생태 정보가 없다. 7월 초에 만났다.

● 보날개풀잠자리과(보날개풀잠자리상과)

보날개풀잠자리 몸길이는 10mm, 앞날개 길이는 20mm 정도다. 성충은 6~8월에 주로 보인다.

보날개풀잠자리 머리는 암갈색이며 머리 위에 큰 검은색 점이 있다. 날개엔 점무늬가 흩어져 있다.

보날개풀잠자리 짝짓기 산지의 계곡 수풀 사이에서 주로 보인다. 5월 말에 관찰했다.

보날개풀잠자리류 애벌레로 추정되는 개체. 애벌레는 물속이나 물가의 돌 밑, 이끼류 속에 사는 반수서곤충이며 육식성이다.

모시보날개풀잠자리 몸길이는 12mm 내외, 날개 길이는 14~18mm다.

모시보날개풀잠자리 성충은 5~7월에 활동한다. 날개가 모시 같고 가운데가 비행기 날개의 보처럼 볼록해서 붙인 이름이다.

모시보날개풀잠자리의 크기를 짐작할 수 있다.

모시보날개풀잠자리 머리만 주황색이라 눈에 잘 뛴다. 겹눈이 커서 머리 전체를 차지한다. 더듬이는 구슬을 꿰어놓은 것 같다.

모시보날개풀잠자리 수컷의 날개는 얼룩무늬가 없지만 암컷은 얼룩무늬가 있는 것, 그물 무늬가 있는 것 등 개체마다 차이가 있다.

모시보날개풀잠자리 짝짓기 6월 중순에 밤에 관찰했다. 성충은 작은 곤충, 꽃가루, 이끼, 연한 열매 등을 먹으며 주로 밤에 활동한다.

● 사마귀붙이과(사마귀붙이상과)

사마귀붙이과의 애벌레는 거미의 천적으로 알려졌습니다. 자료를 찾아보니 재미있는 구절이 눈에 띕니다. 사마귀붙이의 1령 애벌레는 다리가 있어 활발히 돌아다니며 거미의 알집을 찾는다고 합니다. 거미 알집을 바로 찾지 못하면 거미 등에 올라타고는 암컷 거미가 알집을 만들 때까지 기다리면서 암컷 거미의 체액을 빨아 먹기도 한답니다. 만약 수컷 거미의 등에 잘못 올라탔다면 짝짓기하는 동안에 암컷 거미의 등에 옮겨 타고요.

이렇게 거미 알집에 무사히 안착한 사마귀붙이의 애벌레는 다리가 없는 구더기 모양의 2령 애벌레로 변신합니다. 거미의 알집 속에서 알의 즙을 빨

사마귀붙이 몸길이는 15~20mm. 성충은 6~9월에 보인다. 사
마귀와 닮아서 붙인 이름이다. 앞가슴이 길며 노란색이다. 적갈
색이거나 암갈색인 애사마귀붙이와 구별된다.

사마귀붙이 작은 곤충을 잡아먹는 육식성이다. 특히 거미의 천적
으로 알려졌다. 애벌레는 거미 알집에 들어가 알이나 새끼 거미를
잡아먹고 그곳에서 번데기가 된다.

사마귀붙이 날개는 투명하며 평소에는 앞다리를 접고 있지만 먹이를 잡거나 이동할 때는 앞다리를 편다. 사마귀붙이가 이동하려
고 앞다리를 펴고 있다.

아 먹으면서 고치를 만들고 번데기가 된 후 성충이 되면 고치를 뚫고 밖으로
나옵니다(『곤충, 크게 보고 색다르게 찾자!』, 글과 사진 김태우, 자연과생태, 2010
참조).

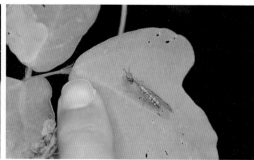

애사마귀붙이 몸길이는 14~16mm, 성충은 5~9월에 보인다. 날개는 투명하며 평소에는 앞다리를 가슴에 모으고 있다.

애사마귀붙이의 크기를 짐작할 수 있다.

애사마귀붙이 앞가슴등판이 암갈색이나 흑갈색을 띠어 사마귀붙이와 구별된다. 색깔은 개체마다 차이가 있다.

애사마귀붙이 낮에 관찰한 모습이다.

애사마귀붙이 잎 뒷면에 여러 마리가 모여 있는 모습이 자주 보인다. 먹이 활동을 하고 짝짓기도 한다. 거미 알집 근처에 알을 낳기도 한다.

애사마귀붙이는 대표적인 거미 천적이다. 애벌레는 작은 곤충 등을 잡아먹는 육식성이다. 거미 알집에서 알이나 새끼 거미들을 잡아먹으며 성장하다 그곳에서 번데기가 된다. 밤에 만난 모습이다.

날개돋이에 실패한 애사마귀붙이

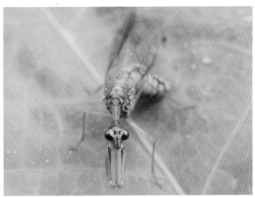
애사마귀붙이 앞모습 앞다리를 접고 있어 독특하게 보인다.

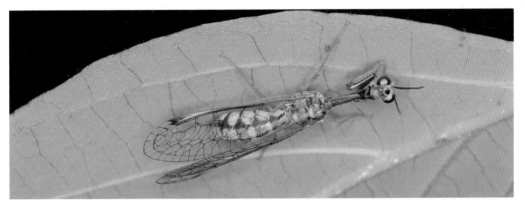
애사마귀붙이 주로 밤에 잎 뒷면에서 많이 보인다.

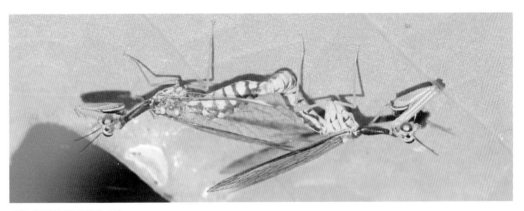
애사마귀붙이 짝짓기(08. 29.)

● 명주잠자리과(명주잠자리상과)

명주잠자리 애벌레를 보통 개미귀신이라고 부릅니다. 모래에 깔때기 모양으로 집을 만들고 그 속에 숨어서 기다리다가 지나가는 개미가 빠지면 큰턱으로 물고 개미의 체액을 빨아 먹어 붙인 별명입니다. 진짜 이름은 명주잠자리이지요.

　명주잠자리 암컷이 모래땅에 알을 낳고, 이 알에서 깨어난 애벌레는 깔때기 모양으로 만든 모래집에서 대략 1~2년 정도 살다가 배 끝에서 실을 내어 둥근 고치를 만들고 그 안에서 번데기가 됩니다.

　우리나라에는 다양한 종류의 명주잠자리가 살며, 애벌레가 사는 집이 비슷해도 애벌레 모양은 조금씩 다릅니다. 몇 종을 빼고는 자료가 부족하여 어떤 명주잠자리의 애벌레인지 구별하기가 힘듭니다.

모래밭에 사는 명주잠자리류 애벌레 명주잠자리 애벌레와 다르게 생겼다. 어떤 명주잠자리 애벌레인지는 알 수 없다. 크기를 짐작할 수 있다.(10. 04.)

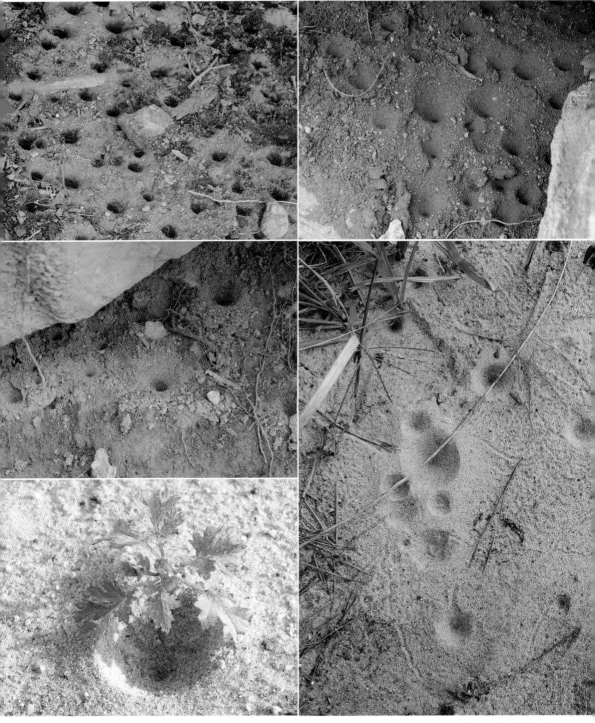

명주잠자리류 애벌레 집

알락명주잠자리 애벌레 머리와 큰턱이 검은색이다.(09. 22.)

애알락명주잠자리 애벌레(06. 07.) 이끼개미귀신이라는 별명처
럼 집은 따로 만들지 않고 이끼 사이나 지의류 사이에 숨어 살
면서 작은 곤충을 잡아먹는다.

애알락명주잠자리 고치(05. 01.)

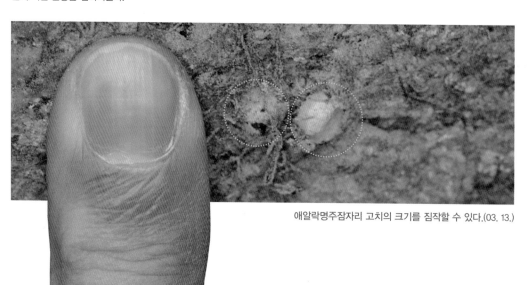

애알락명주잠자리 고치의 크기를 짐작할 수 있다.(03. 13.)

애알락명주잠자리 고치(03. 13.)

애알락명주잠자리 애벌레(05. 01.) 사냥꾼답게 큰턱이 매우 발달했다. 크기를 짐작할 수 있다.

명주잠자리류 애벌레(11. 08.)

명주잠자리류 애벌레(05. 31.)

명주잠자리의 크기를 짐작할 수 있다.

명주잠자리 몸길이는 40mm 내외, 성충은 6~10월에 보인다. 모기 같은 작은 곤충을 잡아먹는다.

명주잠자리 얼굴 겹눈이 매우 크며 가슴 아랫면이 노란색이다.

명주잠자리 개미귀신이라고 불리는 애벌레 시기를 보내고 성충이 되었다. 밤에 관찰하기 좋다. 밤에 불빛에도 잘 찾아든다. 비행술이 뛰어나지 않다.

명주잠자리 날개가 길고 날개 가두리 무늬(연문)는 하얀색이다.

명주잠자리 몸 아랫면의 노란색이 애명주잠자리와 다르다. 애명주잠자리는 아랫면이 검은색이다.

무당거미 그물에 걸린 명주잠자리 몸 아랫면이 노란색이다.

애명주잠자리 날개 가장자리에 누런색의 띠가 나타난다. 날개 끝 부분에 하얀색 연문이 있다. 몸 아랫면이 검은색인 것이 명주잠자리와 다르다.

애명주잠자리 몸길이는 30mm 내외, 명주잠자리보다 작다. 성충은 6~8월에 보인다.

애명주잠자리 밤에 불빛에도 잘 찾아든다.

앞날개 아랫면 가운데 부분에 짧은 갈색 무늬가 있다.

날개 끝에 얼룩무늬가 있다.

별박이명주잠자리 몸길이는 30~35mm, 성충은 7~9월에 보인다. 명주잠자리와 비슷하게 생겼지만 날개 무늬가 다르다.

명주잠자리류(국내 미기록종 *Distoleon tetragrammicus*속) 알락명주잠자리와 배 윗면의 무늬가 다르다. 아직 국명이 없다.(06. 27.)

명주잠자리류(국내 미기록종 *Distoleon tetragrammicus*속) 크기를 짐작할 수 있다.(07. 14.)

명주잠자리류(국내 미기록종 *Distoleon tetragrammicus*속)(08. 14.)

명주잠자리류(국내 미기록종 *Distoleon tetragrammicus*속)(08. 26.)

얼룩명주잠자리(*Dendroleon pupilaris* Gerstaecker)(08. 31.) 국명과 학명 외에 정보가 없다.

● 뿔잠자리과(명주잠자리상과)

뿔잠자리 몸길이는 30mm 내외, 성충은 5~9월에 보인다. 머리에서 배 끝까지 노란색 줄무늬가 있다.

뿔잠자리 수컷의 크기를 짐작할 수 있다. 수컷에게는 독특한 냄새가 난다.

뿔잠자리 수컷 더듬이 끝이 동그랗게 뭉쳐 있고 몸길이는 30mm 정도로 길다. 수컷은 배 끝에 집게 같은 부속지가 있다. 밤에 불빛에도 잘 찾아든다.

뿔잠자리 암컷 가슴 옆면에 굵은 띠가 있다.

뿔잠자리 암컷 성충과 애벌레 모두 작은 곤충을 잡아먹는다.

노랑뿔잠자리 몸길이는 25mm 내외, 성충은 4~6월에 보인다. 성충과 애벌레 모두 작은 곤충을 잡아먹는 육식성이다. 애벌레로 월동한다.

노랑뿔잠자리 수컷 배 끝에 집게 같은 부속지(교미부속기)가 있다.

노랑뿔잠자리 수컷의 크기를 짐작할 수 있다. 날개에 노란색 무늬가 있어 뿔잠자리와 구별된다. 더듬이는 길며 끝이 동그랗게 뭉쳐 있는 모양이다.

노랑뿔잠자리 암컷 암컷은 짝짓기 후 마른 나뭇가지나 나뭇잎 등에 알을 낳는다. 수컷과 달리 배 끝에 집게 같은 부속지가 없다.

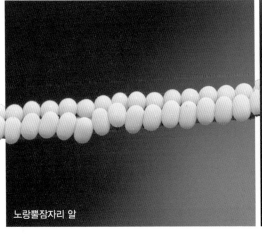

노랑뿔잠자리 알

알에서 막 나온
노랑뿔잠자리 애벌레

● 뱀잠자리붙이과(뱀잠자리붙이상과)

애뱀잠자리붙이(08. 25.) 몸길이는 10mm 내외, 진딧물 등을 잡아먹는다.

애뱀잠자리붙이(05. 28.) 이름 외에 별다른 정보가 없다. 뱀잠자리붙이는 뱀잠자리과, 애뱀잠자리붙이는 뱀잠자리붙이과다.

애뱀잠자리붙이류 애벌레(추정) 크기를 짐작할 수 있다.(05. 13.)

애뱀잠자리붙이류 애벌레가 들어 있던 곳(05. 13.)

산뱀잠자리붙이로 추정되는 개체 머리부터 가슴 등판으로 이어지는 넓은 노란색 띠가 나타난다.

뱀잠자리붙이류(04. 18.)

● 뱀잠자리과(뱀잠자리상과)

길고 둥근 머리와 긴 앞가슴이 머리를 곧추세운 뱀 같다고 해서 이름 붙인 뱀잠자리 무리도 구별하기가 만만치 않은데 특히 애벌레는 더 그렇지요. 이름도 자료에 따라 여러 이름으로 혼용되어 혼란스럽습니다. 그 가운데 대륙뱀잠자리, 고려뱀잠자리, 뱀잠자리붙이가 그렇습니다. 여러 가지 자료를 참고하고 2018년 「국가생물종목록」을 바탕으로 하여 다음과 같이 정리합니다. 물론 다른 의견이 있을 수 있습니다.

뱀잠자리붙이 애벌레(04. 05.) 몸길이는 48~50mm다. 산골짜기 시냇물이나 평지 하천에서 산다. 작은 수서생물을 잡아먹는 육식성이다.

뱀잠자리붙이 애벌레(04. 15.) 배마디의 부속지에 털이 없이 매끈한 점이 노란뱀잠자리와 다르다.

뱀잠자리붙이 어린 애벌레(07. 27.)

제8 배마디 등면에 한 쌍의 돌기

부속지에 털이 없다.

2개의 발톱이 있는 꼬리다리

뱀잠자리붙이 애벌레 구별법(04. 05.)

뱀잠자리붙이 애벌레(04. 22.) 번데기 방을 만들기 위해 육상으로 올라왔다. 낙엽 사이를 돌아다니고 있다. 번데기 방을 만들 자리를 찾기 위해서다.

대륙뱀잠자리는 뱀잠자리붙이를 잘못 동정한 것이고, 고려뱀잠자리는 아직 실체가 알려지지 않았으므로 이 책에는 기존의 방식에 따라 '고려뱀잠자리', '대륙뱀잠자리' 대신 '뱀잠자리붙이'로 표기합니다. 또 그동안 '뱀잠자리'로 알려졌던 개체는 '노란뱀잠자리'를 잘못 동정한 것이라고 합니다.

날개돋이에 실패한 뱀잠자리붙이류(04. 24.)

뱀잠자리붙이의 크기를 짐작할 수 있다.

뱀잠자리붙이 몸길이는 7mm 내외로 대형종에 속한다.

뱀잠자리붙이 6월 초에 만난 개체다.

뱀잠자리붙이 더듬이가 길고 앞가슴등판이 사각형이다.

뱀잠자리붙이 더듬이가 구슬을 꿰어놓은 것 같다. 비행술이 뛰어나지 않아 날개돋이한 곳에서 크게 벗어나지 않는다.

막 날개돋이를 마친 뱀잠자리붙이 날개가 다 펴지지 않았다.

뱀잠자리붙이 5월에 자주 보이는 것 같다.

노란뱀잠자리 몸길이는 55~60mm 정도다.

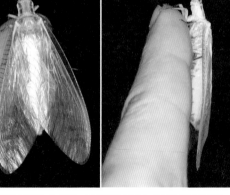

노란뱀잠자리의 크기를 짐작할 수 있다. 이름처럼 몸이 노란색인 뱀잠자리다.

노란뱀잠자리 날개를 펼치자 배 윗면이 그대로 드러난다. 각 배마디 윗면은 검은색이다. 옆에 있는 나방은 몸노랑들명나방이다.

노란뱀잠자리 머리 옆면과 앞가슴등판 옆면에 짙은 갈색 얼룩무늬가 있다. 밤에 불빛에도 잘 찾아든다. 곤충을 잡아먹는 육식성이라 큰턱이 잘 발달했다.

노란뱀잠자리 날개 가장자리에 검은색 가로줄이 일정하게 나타난다. 날개맥이 끝으로 갈수록 촘촘해진다.

날개돋이를 끝낸 지 얼마 안 된 개체처럼 보이는 노란뱀잠자리

얼룩뱀잠자리 수컷 몸길이는 50mm 내외로 날개
에 얼룩무늬가 흩어져 있어 붙인 이름이다. 더듬이
가 빗살 모양이다. 크기를 짐작할 수 있다.

얼룩뱀잠자리 암컷 더듬이가 수컷과 달리 실 모양이
다.

얼룩뱀잠자리 암컷 앞날개와 뒷날개 모두 얼룩무늬가 흩어져 있으며 뒷날개 가운데에 짙은 갈색의 넓은
띠무늬가 가로로 있다.

● 좀뱀잠자리과(뱀잠자리상과)

가는좀뱀잠자리, 한국좀뱀잠자리, 시베리아좀뱀잠자리 등 좀뱀잠자리에도 이름이 혼동되는 개체가 있습니다. 먼저 시베리아좀뱀잠자리는 1932년 북한 (황해도)에서 채집된 이후 아직까지 채집되지 않았다고 합니다. 한국좀뱀잠자리 2012년 강원도 인제 대암산 용늪에서 발견된 종으로 주로 약 1000미터 고산지대에서 서식한다고 합니다. 한국좀뱀잠자리는 성충의 크기가 1~2센티미터로 보통 3~4센티미터인 뱀잠자리류보다 작습니다. 성충은 3월 말에서 6월 초 사이 나타나 1~2주가량 살며 짝짓기한 뒤 알을 낳고 죽는다고 합니다. 생김새는 3종이 다 비슷합니다.

여기서는 다음의 개체 모두 가장 가능성이 높은 가는좀뱀잠자리로 이름을 답니다. 제가 주로 관찰한 곳은 경기도 도심 인근 연못이나 야산의 습지 등입니다. 애벌레는 '좀뱀잠자리류 애벌레'로 이름을 답니다. 혹시 몰라 사진은 되도록 많이 싣고 관찰 날짜를 넣었습니다.

좀뱀잠자리류 애벌레(10. 09.) 뱀잠자리류 애벌레보다 크기가 작다.

가는좀뱀잠자리(04. 15.)

가는좀뱀잠자리(04. 22.)

가는좀뱀잠자리(04. 26.)

가는좀뱀잠자리(05. 02.)

가는좀뱀잠자리(05. 13.)

가는좀뱀잠자리(05. 23.)

14

약대벌레목

우리나라에는 약대벌레목에 약대벌레 1종밖에 없습니다. 이전에는 풀잠자리목 약대벌레아목으로 분류했으나 최근에 약대벌레목이 독립하면서 이 1종만이 유일한 약대벌레목의 곤충입니다.

약대는 낙타의 옛 이름입니다. 가운데가슴과 뒷가슴이 혹 모양이며 앞가슴을 쳐들고 배 부분을 구부려서 기는 모습이 낙타와 비슷해 이름 붙였다고 합니다. 영어권에서는 뱀처럼 보였는지 약대벌레를 'snake fly'라고 합니다. 곤충강 유시아강 신시류 내시류에 속합니다.

● 약대벌레과

▨ 약대벌레 몸길이는 10mm 내외, 날개편길이는 수컷 15mm, 암컷 20mm 정도다. 날개는 투명하며 앞날개와 뒷날개의 크기나 모
양이 비슷하다. 더듬이는 길고 머리는 작다. 앞가슴등판이 길어서 마치 긴 목이 있는 것처럼 보인다.

▨ 약대벌레 수컷 배 끝에 특별한 부속지가 없다.

▨ 약대벌레 암컷 배 끝에 길쭉한 산란관이 보인다.

▨ 약대벌레 암컷 봄부터 가을까지 보이며 성충은 밤에 불빛에도 잘 찾아든다. 6월 초에 만난 모습이다.

▨ 약대벌레 씹어 먹는 입틀이며 홑눈이 없다.

▨ 약대벌레 애벌레 몸이 납작하고 마디가 뚜렷해 마치 지네처럼 보이기도 한다. 나무껍질 밑에 살면서 작은 곤충을 잡아먹는다.
애벌레 상태로 월동한다.

15

벌목

세계 곤충 가운데 '딱정벌레'가 가장 많은 수를 차지합니다. 그다음이 '나비류'이지요. 딱정벌레는 전 세계 곤충의 40퍼센트를 차지하고, 나비류는 25퍼센트를 차지한다고 합니다. 그다음으로 수가 많은 곤충은 '벌류', 그다음으로는 '파리류'이지요.

'벌'은 전체 곤충의 15퍼센트를, 파리는 12퍼센트를 차지한다고 합니다. 그리고 나머지 곤충들이 8퍼센트입니다.

개체 수로만 따지면 전체 곤충 가운데 당당히 3위를 차지하고 있는 '벌' 집안은 분류학으로 보면 유시아강 신시류 내시류 벌목에 속합니

기타 8%
파리류 12%
벌류 15%
나비류 25%
딱정벌레류 40%

세계 곤충 분포도

다. 그러니까 '벌'은 겹쳐 접을 수 있는 날개가 있으며 갖춘탈바꿈(완전변태)을 하는 곤충입니다. 알－애벌레－번데기－성충의 단계를 거친다는 이야기이지요.

벌은 보통 집단생활을 하면서 일벌, 여왕벌 등 계급이 있는 사회성 곤충으로 알고 있습니다. 이처럼 벌은 사회생활을 하지만 단독생활하는 종도 있고, 기생생활을 하는 종도 있습니다. 말벌, 쌍살벌, 꿀벌 등이 사회생활을 하며 어리호박벌, 대모벌, 호리병벌 등이 단독생활을 합니다. 그리고 고치벌, 맵시벌 등은 기생생활을 하고요.

벌 하면 무시무시한 침이 먼저 떠오를 것입니다. 이 침을 사회생활을 하는 벌들은 주로 방어용이나 공격용으로 사용하고, 단독생활을 하는 종들은 사냥용으로 사용합니다. 물론 침은 산란관이 변한 것이기에 암컷에게만 있습니다. 독특하게도 어떤 종은 산란관이 변해서 생긴 침의 기부로는 알을 낳고, 끝으로는 독을 주입하는 종도 있습니다.

집을 만들지 않고 알을 낳는 잎벌아목의 벌들은 산란관이 칼 모양이며, 집을 만들고 알을 낳는 벌아목은 창 모양입니다. 알에서 깨어난 애벌레는 성장후 종령 애벌레가 되면 실로 고치를 만들고 번데기가 됩니다.

벌의 애벌레는 잎벌아목과 벌아목이 다릅니다. 먼저, 모양부터 다릅니다. 집에서 태어난 벌아목의 애벌레는 다리가 없는 구더기 형태로, 소화관이 불완전하여 성충이 될 때까지 배설을 하지 않고 체내에 축적합니다. 그리고 홑눈도 없습니다.

잎벌아목의 애벌레는 가슴다리가 3쌍이 있고 나비목 애벌레와 달리 배다리가 5쌍 이상 있습니다(나비목 애벌레는 배다리가 4쌍을 넘지 않음). 소화관이 발달해 배설도 합니다. 벌아목과 달리 홑눈도 있고요. 성충도 생김새가 다릅니다. 우리가 보통 말하는 허리가 잘록한 벌이 벌아목이고 허리가 잘록하지 않는 벌이 잎벌아목에 속합니다.

벌아목은 가슴과 첫 번째 배마디가 합쳐져 전신복절前伸腹節을 이룹니다. 따라서 첫 번째 배마디와 두 번째 배마디 사이가 잘록하여 허리처럼 보입니다. 이와 달리 잎벌아목의 성충은 전신복절이 없어 허리가 굵은 원시적인 벌로 새끼를 위해 따로 집을 만들지 않고 주로 잎이나 나무껍질 같은 식물 조직에 알을 낳습니다.

벌의 성 결정 방법은 아주 독특합니다. 보통 이배체와 반수체라고 하는데 이배체는 부모로부터 1조씩 염색체를 전달받은 수정란에서 발생하며 암벌이 됩니다. 이에 반해 미수정란으로 발생하는 반수체의 벌은 수벌이 됩니다. 그러니까 수벌은 어미는 있지만 아비는 없는 셈입니다. 암컷을 낳을지 수컷을 낳을지는 알을 낳는 암벌(주로 여왕벌)이 임의로 결정합니다.

벌목 가운데 잎벌아목이 전체 벌의 10퍼센트, 벌아목이 90퍼센트를 차지한다고 하니 우리 주변에서 대부분 보이는 벌들이 벌아목입니다.

벌목	잎벌아목 (10퍼센트)	허리가 굵은 벌, 원시적인 벌	잎벌, 송곳벌, 나무벌 등
	벌아목 (90퍼센트)	기생벌류	맵시벌, 호리벌, 좀벌, 고치벌 혹벌, 알벌, 갈고리벌 등
		침벌류	청벌류(호리병벌 또는 쐐기나방 고치에 기생) 말벌류(말벌, 땅벌, 쌍살벌 등), 꿀벌류(꿀벌, 가위벌, 호박벌 등), 개미벌류, 개미류

벌의 영어 이름을 보면 특징을 잘 나타낸 것 같아 참고할 만합니다. 사실 벌의 우리말 이름 가운데 어떤 종은 이름만으로 생태적 특징을 짐작하기

힘든 경우도 있습니다. 대표적인 벌 이름이 '쌍살벌'입니다. 쌍살벌은 이 벌이 날 때 뒷다리 2개를 마치 화살처럼 늘어뜨리고 날아다닌다고 해서 붙인 이름입니다. 한자어로 이름을 붙이다 보니 '쌍살'이라는 어감이 좀 이상합니다.

순우리말로는 '바다리'라고 합니다. 왕바다리, 제주왕바다리 할 때의 그 바다리이지요. 바다리는 '뻗은 다리'에서 유래한 이름으로 역시 뒷다리를 늘어뜨리고 날아다니는 벌의 습성을 잘 표현했습니다.

쌍살벌의 영어 이름은 'paper wasp'입니다. 꿀벌류는 'bee'라 하고 말벌류는 'wasp'라고 하는데 이름의 뜻은 종이를 만드는 말벌류입니다. 이 벌들은 나무껍질을 물어뜯어다 자신의 침과 섞어 집을 만들어 사용하는데 마치 한지를 만드는 원리와 비슷합니다. 다른 벌들의 영어식 이름도 재미있어 참고할 만합니다.

벌	꿀벌류(bee), 말벌류(wasp)	풀이
바다리(쌍살벌)	paper wasp	종이를 만들 듯 집을 만드는 말벌류
대모벌	spider wasp	벌 사냥꾼 말벌류
호리병벌	potter wasp	옹기장이 말벌류
나나니벌	sand wasp	모래에 구멍을 파는 말벌류
말벌	'hornet	꿀벌류를 제외한 벌은 wasp이며, 그중 말벌을 가리키는 이름이다.
땅벌	yellowjacket, common wasp	노란색 옷을 입은 벌, 보통의 말벌
송곳벌	sawfly, honetail	산란관이 톱날 같은 벌, 꼬리가 뿔 같은 벌
가위벌	leafcutter	잎을 오리는 벌

벌은 여느 곤충과 마찬가지로 머리, 가슴, 배 세 부분으로 되어 있고 머리에는 겹눈과 홑눈이 있습니다. 여느 곤충과 다른 점이라면 입틀로, 보통의 곤충들처럼 턱(큰턱, 작은턱, 작은턱수염, 아랫입술, 수염으로 되어 있음)만 있는 것이 아니라 주둥이(혀)도 있습니다. 특히 잘 발달된 큰턱으로 집을 짓거나 먹이를 씹습니다. 그리고 주둥이(혀)로 꿀이나 과일즙 등을 빨아 먹지요.

잎벌아목

● 송곳벌 무리

구주목대장송곳벌(목대장송곳벌과) 오리나무에 산란한다고 알려졌다. 몸길이는 25mm 정도다.

구주목대장송곳벌 배 뒤에 튀어나온 것이 산란관이다. 7월에 보인다.

송곳벌 무리는 암컷의 산란관이 송곳 모양이라 붙인 이름입니다. 잎벌아목의 벌답게 전신복절이 없어 허리가 굵은 벌입니다. 침벌이 아니기 때문에 쏘지 못하며 침처럼 보이는 것은 암컷의 산란관입니다. 암컷은 이 뾰족한 산란관을 이용해 나무에 알을 낳습니다.

애벌레는 나무 목질부를 먹으며 성장합니다. 성충은 애벌레와 달리 꽃과 꽃가루를 먹습니다. 애벌레는 나무 속에서 수개월에서 2년 정도 자라다가 성충이 되며, 성충이 되어서는 약 7~9일을 산다고 알려졌습니다.

붉은머리어리목대장송곳벌(송곳벌과) 머리를 제외하고 모두 광택 있는 검은색이다. 몸길이는 10~15mm다.

붉은머리어리목대장송곳벌 얼굴

붉은머리어리목대장송곳벌 나무껍질에 산란하며 5월에 보인다.

호랑무늬송곳벌(송곳벌과) 수컷 전나무, 가문비나무, 일본잎갈나무가 기주식물이며 수컷은 배가 암컷보다 길고 끝이 뾰족하다. 보통 2년의 긴 생활환이라고 알려졌다. 몸길이는 수컷이 18~30mm, 암컷이 30~40mm다.

| 잎벌아목 애벌레 |

잎벌아목의 애벌레는 벌아목의 애벌레가 다리가 없는 구더기 형태인 것과 달리 나비목 애벌레를 닮아 종종 혼동을 줍니다. 하지만 배다리 수가 달라 조금만 관심을 기울이면 쉽게 구별할 수 있습니다.

루리번데기잎벌 애벌레 자극을 받으면 몸을 만다.

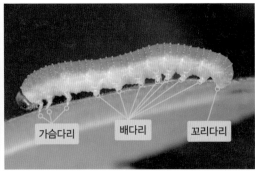

루리번데기잎벌 애벌레 가슴다리 3쌍, 배다리 7쌍, 꼬리다리 1쌍
이다.

Eriocampa babai Togashi, 1980. (가칭)백당나무밀잎벌 애벌
레 불두화 잎에 대발생했다.

Eriocampa babai Togashi, 1980. (가칭)백당나무밀잎벌 애벌레
밀랍을 뒤집어쓰고 생활한다.

Eriocampa babai Togashi, 1980. (가칭)백당나무밀잎벌 애벌
레 애벌레는 백당나무, 불두화 등을 먹는다.

Eriocampa babai Togashi, 1980. (가칭)백당나무밀잎벌 애벌레
밀랍을 벗긴 모습이다. 비슷하게 생긴 현무잎벌 애벌레는 오리나
무를 먹어 기주식물로 구별된다.

홍가슴루리등에잎벌 애벌레가 무리 지어 있다.

홍가슴루리등에잎벌 애벌레의 다리가 보인다.

홍가슴루리등에잎벌 애벌레 자극을 받으면 배를 들고 방어 행동을 취한다.

넓적다리잎벌 애벌레

넓적다리잎벌 애벌레 오리나무나 사방오리나무의 잎을 먹는다.

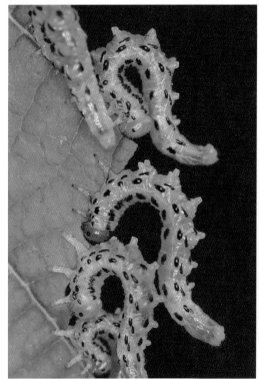

넓적다리잎벌 애벌레

넓적다리잎벌 애벌레의 다리가 보인다.

황갈무리잎벌 애벌레가 입에서 실을 토해내고 모여 산다.

황갈무리잎벌 애벌레 다리가 뚜렷하게 보인다.

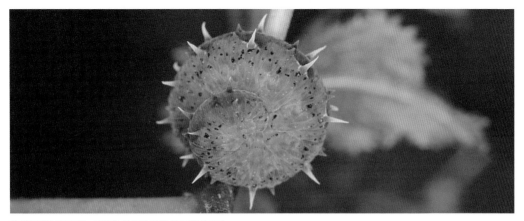

홍허리잎벌 애벌레는 자극을 받으면 몸을 둥그렇게 만다.

홍허리잎벌 애벌레의 배다리가 보인다.

홍허리잎벌 애벌레 얼굴

황호리병잎벌 애벌레가 먹이식물인 쇠별꽃을 먹고 있다. 황호리병잎벌 애벌레

장미등에잎벌 애벌레 장미과가 먹이식물이다. 찔레잎에 모여 있는 장미등에잎벌 애벌레들

극동등에잎벌 애벌레 주로 영산홍에서 많이 보인다.

끝루리등에잎벌 애벌레가 버드나무 잎을 먹고 있다.

끝루리등에잎벌 애벌레 가까이 다가가자 배를 들고 방어 행동을 취한다. 애벌레의 배다리가 보인다.

좀검정잎벌 애벌레가 몸을 둥그렇게 말고 있다.

좀검정잎벌 애벌레 다리를 드러낸다.

흰입술무잎벌 애벌레가 열무 잎을 먹고 있다.

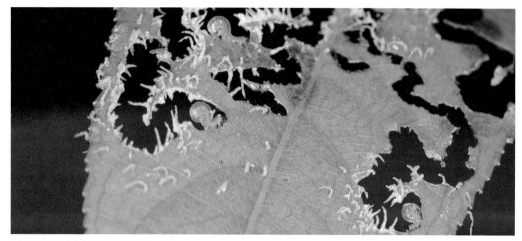

잎벌 종류의 애벌레가 잎을 갉아 먹고 있다.

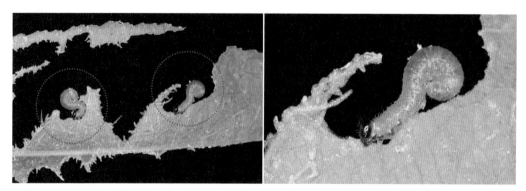

잎벌류 애벌레가 버드나무 잎을 갉아 먹고 있다.

참나무잎벌 애벌레 몸이 녹색이다. 기생파리에게 기생당한 듯하다(동그라미 친 부분).

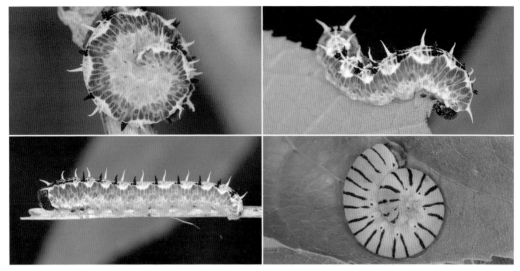

잎벌류 애벌레

| 잎벌아목 알 |

벌아목은 대부분 집을 만들고 그 안에 알을 낳습니다. 하지만 잎벌아목은 대부분 나무에 산란하거나 잎에 산란합니다. 대표적인 종이 개나리잎벌인데 꽃이 지고 잎이 나올 무렵 이 알을 관찰할 수 있습니다. 개나리 잎의 주맥이 비정상적으로 부풀어 있으면 그 안에 개나리잎벌의 알이 들어 있는 것입니다.

왕바다리 여왕벌이 알을 낳아 돌보고 있다. 벌아목은 보통 집을 만들고 그 안에 알을 낳는다.

벌집 안의 쌍살벌 알

개나리잎벌 알 자리

개나리잎벌 알

개나리잎벌 애벌레

| 잎벌아목 잎벌들 |

조선잎벌(잎벌과) 날개는 투명하고 날개맥이 검은색이다.

조선잎벌 날개 끝까지 11mm 정도다.

조선잎벌 앞가슴등판이 붉다.

조선잎벌 밤에 관찰한 모습이다.

흰입술무잎벌(잎벌과) 애벌레가 열무 등을 먹는다.　흰입술무잎벌　머리는 검은색, 이마방패판과 윗입술은 흰색이다.

띠호리잎벌(잎벌과)
몸에 황색 무늬가 많다.
성충은 6~8월에 볼 수 있다.

왜무잎벌(잎벌과) 몸길이는 7mm 정도　왜무잎벌 짝짓기 5월에 관찰한 모습이다.　왜무잎벌의 크기를 짐작할 수 있다.
이며, 애벌레는 십자화과 식물의 잎을
먹는다.

네줄홍띠잎벌(잎벌과) 전체적으로 검은색이며, 투명한 날개에 검은빛이 돈다.

네줄홍띠잎벌의 크기를 짐작할 수 있다.

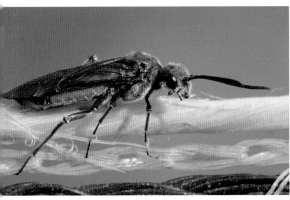

네줄홍띠잎벌 머리, 가슴은 검은색이며 암컷은 배 제2~5마디까지 홍색을 띤다. 수컷은 전체가 검은색이다. 봄부터 여러 마리가 한꺼번에 보인다.

네줄홍띠잎벌 수컷 암컷과 달리 배마디에 홍색이 없다.

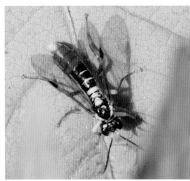

황호리병잎벌(잎벌과) 몸 길이는 12mm 정도로 5~6월에 성충을 볼 수 있다.

황호리병잎벌 짝짓기

황호리병잎벌 비슷하게 생긴 황갈테두리잎벌은 가슴과 배마디 앞부분이 황색이고 배마디 뒷부분이 검은색이라 구별된다.

검정날개잎벌(잎벌과) 몸길이는 9mm 내외다. 날개는 암갈색이며 다리의 넓적다리마디와 종아리마디 일부가 하얀색이다. 1년에 2회 나타나는 것으로 보인다.

잣나무별납작잎벌(납작잎벌과) 몸길이는 14mm 정도다. 땅속에서 애벌레로 월동한다.

잣나무별납작잎벌 잣나무 같은 침엽수에 알을 낳고 애벌레는   잣나별무납작잎벌 기주식물의 새로 난 가지 위에 알을 낳는다.
그 잎을 먹으며 성장한다.

둥글레납작잎벌(납작잎벌과) 비슷한 종이 많아 확인이 필요하다.

루리번데기잎벌(수중다리잎벌과)의 크기를 짐작할 수 있다.

루리번데기잎벌 더듬이 끝이 굵다.

루리번데기잎벌 번데기잎벌과의 구별이 모호하다.

루리번데기잎벌 4월부터 보이기 시작한다.

황줄박이수중다리잎벌(수중다리잎벌과)

황줄박이수중다리잎벌 배 앞쪽에 노란색 띠무늬가 선명하다.

황줄박이수중다리잎벌 7월경에 보인다.

황줄박이수중다리잎벌의 얼굴 턱이 매우 발달했다.

버들수중다리잎벌(수중다리잎벌과)

버들수중다리잎벌 4~5월 무렵 성충이 보인다.

수중다리잎벌류(수중다리잎벌과) 이름은 정확히 모르지만 수중다리잎벌과의 벌이다. 참고용으로 싣는다.

수중다리잎벌류

극동등에잎벌(등에잎벌과)

극동등에잎벌 몸길이는 9mm 정도로 애벌레는 진달래류 잎을 먹는다.

극동등에잎벌 얼굴

극동등에잎벌 몸 전체가 검은색이라 장미등에잎벌과 구별된다.

장미등에잎벌(등에잎벌과) 짙은 노란색 배가
극동등에잎벌과 구별된다.

장미등에잎벌 애벌레는 장미과 잎을 먹는다.

장미등에잎벌이 찔레 잎 위에 앉아 있다.
찔레는 애벌레의 먹이식물이다.

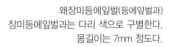

왜장미등에잎벌(등에잎벌과)
장미등에잎벌과는 다리 색으로 구별한다.
몸길이는 7mm 정도다.

홍가슴루리등에잎벌(등에잎벌과) 배는 청람색이며 가슴은 홍색
이다.

홍가슴루리등에잎벌의 크기를 짐작할 수 있다.

홍가슴루리등에잎벌 애벌레가 느릅나무 잎을 먹고 있다.

홍가슴루리등에잎벌 몸길이는 10mm 정도로 1년에 2회 발생한
다. 5월과 7월에 성충을 볼 수 있다.

밤에 만난 홍가슴루리등에잎벌 3마리가 모여 잎에서 쉬고 있다.

벌아목

● 맵시벌류

우리나라에 500여 종이 산다고 알려졌습니다. 허리가 잘록하며 주로 딱정벌레목, 나비목, 벌목의 애벌레나 번데기 그리고 거미 등에 알을 낳는 기생벌입니다. 애벌레 때는 육식성이지만 성충이 되면 꽃꿀이나 나무 수액 등을 먹습니다. 보통 더듬이와 산란관이 깁니다. 이는 숙주 몸의 정확한 위치에 알을 낳기 위함입니다. 허리가 잘록한 이유도 역시 알을 정확한 곳에 낳기 위해 진화한 결과이겠지요.

맵시벌 애벌레는 숙주의 몸에서 기생생활을 하다 번데기를 만들 때 독특한 모양으로 고치를 만듭니다. 고치만 보고 무슨 맵시벌인지는 알 수 없지만, 숲에 가면 다양한 형태의 고치를 볼 수 있습니다.

죽은 나비목 애벌레 옆에 맵시벌의 고치가 가끔 눈에 띄는데, 이는 기생생활을 끝내고 난 맵시벌 애벌레가 나비목 애벌레 몸 밖으로 나와서 그 옆에 고치를 만든 것으로 보입니다. 그리고 신기한 것은 맵시벌도 기생벌이지만 맵시벌 고치에 기생하는 아주 작은 기생벌이 나오는 것이 보이는데, 이를 이중기생이라고 합니다.

맵시벌류 고치

맵시벌류 고치 나방 애벌레 몸에서 맵시벌 애벌레가 나와 고치
를 만든 듯하다. 아직 고치 색이 제대로 드러나지 않았다.

맵시벌류 고치

맵시벌류 고치

맵시벌류 고치

맵시벌류 고치

맵시벌류 고치 속에 있던 번데기

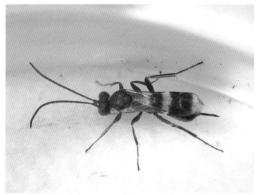

번데기에서 나온 벌

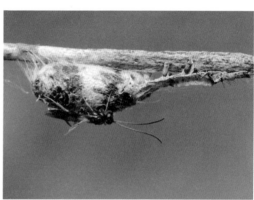

맵시벌류 고치에서 나온 벌

맵시벌류 고치

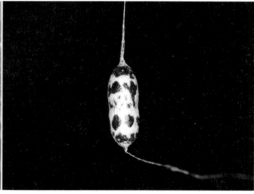

맵시벌류가 애벌레 몸에 알을 낳으려 한다.

맵시벌류 고치

어리알락뭉툭맵시벌이 넓적다리잎벌의 애벌레에 알을 낳고 있다.

맵시벌류 고치

맵시벌류 고치

맵시벌류 산란관 아래쪽 색이 다른 것이 산란관이다.

맵시벌류 산란관 다리 사이로 길게 내려온 것이 산란관이다.

맵시벌류 고치

맵시벌류 고치의 변화

노랑띠뭉툭맵시벌 고치

정상적이라면 노랑띠뭉툭맵시벌이 나와야 한다.

노랑띠뭉툭맵시벌 고치에서 기생벌이 나왔다. 이중기생이다.

    숲에서 은재주나방 종령 애벌레를 데려와 관찰한 적이 있었습니다. 애벌레의 상태가 마치 기생당한 듯 좀 이상했습니다. 데려온 이틀 후 은재주나방 애벌레는 다행히 고치를 정상적으로 만들었습니다.

    시간이 흘러 그 고치에서 은재주나방이 나오는 것이 아니라 단색자루맵시벌이 나왔습니다. 처음에는 한 마리만 있는 줄 알았는데 은재주나방 고치 안을 살펴보니 더 많은 단색자루맵시벌 고치가 있더군요. 자료에 따르면 맵시벌 종류는 한 마리의 숙주에서 한 마리만 나오는 단기생인데, 좀 더 확인이 필요한 부분입니다.

은재주나방 종령 애벌레

은재주나방 애벌레가 만든 고치

정상적이라면 은재주나방 성충이 나와야 한다.

은재주나방 고치 내부 검은색 고치는 단색자루맵시벌의 고치다.
고치가 여러 개 들어 있다.

은재주나방 고치에서 나온 단색자루맵시벌

094

은재주나방 고치 속의 단색자루맵시벌 두 번째 고치

두 번째 고치에서 나온 단색자루맵시벌

크기를 짐작할 수 있다.

첫 번째 고치에서 나온 단색자루맵시벌에 돌아다니고 있다.

단색자루맵시벌의 크기를 짐작할 수 있다.

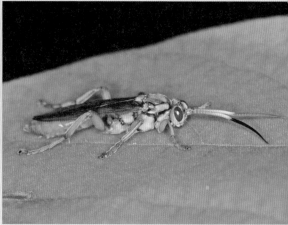

당홍맵시벌(맵시벌과) 몸길이는 20mm 정도다.

당홍맵시벌 더듬이 윗부분은 짙은 색이며 몸은 전체적으로 주황색이다.

두색맵시벌(맵시벌과) 호랑나비 애벌레에 기생한다. 뒷다리는 검은색이고 나머지 다리는 주황색이다. 몸길이는 15mm 정도다.

검정맵시벌(맵시벌과) 몸길이는 24mm 정도로, 박각시류 애벌레나 번데기에 기생한다.

등줄왕자루맵시벌(맵시벌과) 몸길이는 20mm 정도로, 이른 봄부터 성충이 보인다.

등줄왕자루맵시벌 얼굴

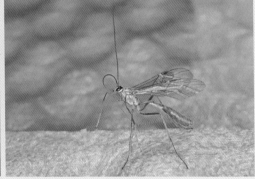

등줄왕자루맵시벌 몇 종의 저녁나방, 밤나방 등의 애벌레와 번데기에 기생한다.

등줄왕자루맵시벌이 더듬이를 손질하고 있다.

마쓰무라자루맵시벌(맵시벌과) 배 윗면에 검은색 점무늬가 있다. 7월경 성충이 보인다.

줄뭉툭맵시벌(맵시벌과) 몸은 검은색이며 배에 노란색 줄무늬   줄뭉툭맵시벌 몸길이는 15mm 정도, 6~9월에 성충이 보인다.
가 있다.

거무튀튀꼬리납작맵시벌(맵시벌과) 송곳벌, 하늘소 애벌레에 기
생한다.

거무튀튀꼬리납작맵시벌 얼굴

거무튀튀꼬리납작맵시벌 암컷 산란관의 길이만 19mm 정도다.   거무튀튀꼬리납작맵시벌 맵시벌답게 허리가 아주 가늘다.

털보자루맵시벌(맵시벌과) 봄에 성충을 볼 수 있다.　　털보자루맵시벌　몸에 털이 많다.

털보자루맵시벌　다리에 독특한 무늬가 있다.　　털보자루맵시벌

털보자루맵시벌

작은꼬리납작맵시벌(맵시벌과) 검은색 몸에 노란색 줄무늬가 특징이다.

작은꼬리납작맵시벌 5~7월경 성충이 보인다.

작은꼬리납작맵시벌 암컷 알 낳을 숙주를 찾고 있다.

작은꼬리납작맵시벌 암컷 산란 준비를 하고 있다. 5월 중순에
관찰한 장면이다.

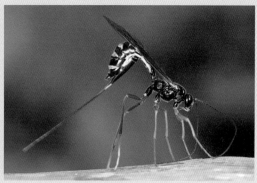

작은꼬리납작맵시벌 더듬이를 이용해 나무 속에 있는 애벌레를
찾고 있다.

작은꼬리납작맵시벌 산란관 보호대로 산란할 구멍을 뚫고 있
다. 2개인 산란관 보호대가 합쳐져서 하나로 보인다.

작은꼬리납작맵시벌 산란관 보호대로 구멍을 뚫고 있다.

작은꼬리납작맵시벌 산란관 보호대를 따라 산란관을 집어넣고
있다.

작은꼬리납작맵시벌 산란관 보호대는 빼고 산란관만 꽂고 본격
적으로 산란한다.

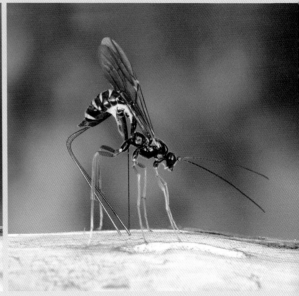

작은꼬리납작맵시벌 산란관을 깊숙이 넣고 있다. 애벌레 몸에 산란을 하는 것으로 보인다.

작은꼬리납작맵시벌 산란관 보호대 2개, 산란관 하나가 뚜렷하게 보인다.

보라자루맵시벌(맵시벌과) 몸은 검보라색이며 더듬이는 다갈색이다.

보라자루맵시벌 몸길이는 30mm 정도, 5~8월에 성충이 보인다.

● 고치벌류

고치벌은 산란관이 긴 기생벌로 나방이나 하늘소 등의 애벌레 몸에 알을 낳습니다. 숙주의 몸속에서 자란 고치벌의 애벌레는 번데기를 만들 때 숙주 몸 밖으로 나와 숙주 몸 표면에 고치를 만든다고 알려졌습니다. 이때 숙주는 죽습니다.

　기생에는 정지기생과 성장기생이 있는데 정지기생은 숙주가 바로 죽는 것이고, 성장기생은 숙주와 기생체가 함께 성장합니다. 고치벌들은 대부분 성장기생을 합니다.

● 고치벌류가 만든 고치 ●

고치벌류 고치

고치벌류 고치

고치벌류 고치

다배발생이란 말이 있습니다. 하나의 알에서 여러 마리의 애벌레가 나오는 현상입니다. 사람으로 말하면 세쌍둥이나 네쌍둥이 같은 경우이지요. 고치벌 암컷이 숙주 애벌레의 몸속에 알을 하나만 낳아도 발생할 때는 4마리, 8마리 등으로 애벌레가 나타나는 이유이지요.

이렇게 다배발생한 고치벌의 애벌레는 숙주 애벌레의 몸속에서 기생생활을 하며 성장하다가 고치 만들 시기가 되면 숙주 애벌레의 몸 밖으로 나와 고치를 만듭니다. 숲에서 보면 가끔 이렇게 다배발생한 고치벌 고치를 몸에 잔뜩 매달고 다니는 나방 애벌레들을 만날 수 있습니다.

다배발생

다배발생

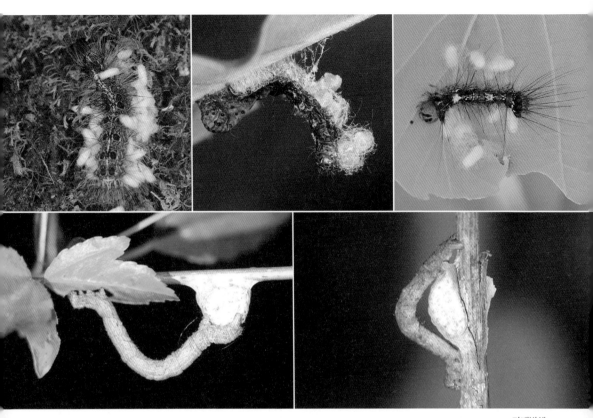

다배발생

고치벌 애벌레가 고치를 만들려고 나방 애벌레의 몸 밖으로 나오고 있다.

말총벌은 고치벌과에 속하는 기생벌이다. 암컷의 산란관은 대략 100~180밀리미터로 매우 기다랗다. 암컷의 몸길이는 20밀리미터 내외, 수컷은 15밀리미터 정도이며 암컷이 수컷보다 크다.

이 벌은 밤나무 줄기 속에 사는 흰점박이하늘소 애벌레 몸에 알을 낳는다. 어떤 과정을 거쳐 밤나무 속에 있는 하늘소 애벌레 몸에 정확하게 알을 낳는지 신기하기만 하다. 현재까지 알려진 바로는 더듬이의 후각을 이용한다고 한다. 기생당한 흰점박이하늘소 애벌레는 말총벌 애벌레가 다 자라 번데기가 될 즈음 죽는다.

말총벌 성충은 5~7월에 볼 수 있으며 수명은 보통 1주일이다. 수컷은 암컷과 비슷하게 생겼지만 뒷날개 가운데에 무늬가 없다. 물론 산란관이 없어 무늬가 아니어도 쉽게 구별된다. 배 아랫면에는 하얀색 무늬가 있다. 고치벌과는 벌목에서 개체 수가 가장 많은 맵시벌과에 이어 두 번째로 개체 수가 많다.

말총벌 암컷

암컷

암컷

수컷

수컷

말총벌

중국고치벌 산란관을 보니 암컷이다.   중국고치벌 암컷 성충은 6~7월에 많이 보인다.   중국고치벌 수컷 산란관이 없다.
주로 벌채목이나 고사목 주변에 많이
보인다.

나무좀살이고치벌 암컷   산란관은 몸길이와 거의 같다. 몸길이는 4~6mm다. 나무좀류와 바구미류의 일부 애벌레에 알을 낳는다.

고치벌 종류

● 혹벌류

혹벌과에 속하는 벌은 식물의 특정 부위를 자극하여 식물혹이 생기게 합니다. 식물혹이 생기는 부위는 줄기, 눈, 잎, 뿌리의 조직 등으로 다양합니다. 혹벌의 애벌레는 다리가 없는 구더기 형태이며 튼튼한 큰턱이 있습니다. 이 큰턱은 식물혹을 탈출할 때 유용하지요.

식물혹은 바로 커지지 않고 혹벌의 애벌레가 식물의 즙을 빨아 먹기 시작하면서부터 커집니다.

혹벌들은 생태가 독특한 종이 많은데, 특히 밤나무에 식물혹을 만드는 밤나무순혹벌이 그렇습니다. 밤나무순혹벌은 수컷 없이 암컷 혼자 처녀생식(단성생식)을 합니다. 연 1회 발생하며 밤나무 눈의 조직 안에서 어린 애벌레로 겨울을 납니다. 월동 후 혹벌 애벌레가 본격적으로 밤나무의 즙을 빨아 먹기 시작하면 식물혹도 커지기 시작합니다.

6~7월 무렵 날개돋이를 끝내고 나타난 성충은 수컷 없이 암컷 혼자서 밤나무 새눈에 3~6개의 알을 낳습니다. 알에서 애벌레가 부화하지만 부화한 그해에는 거의 성장하지 않고 겨울을 넘긴 후 그 이듬해 본격적으로 성장하기 시작합니다. 신기하게도 이 밤나무순혹벌혹은 우리나라 토종 밤나무에 잘 생긴다고 합니다.

혹벌혹이 생긴 가지는 꽃이 피지 않아 열매도 맺지 못합니다. 심지어 많이 생기면 가지가 말라 죽기까지 한다고 합니다. 토종 밤나무가 사라지는 이유이기도 합니다. 하지만 이런 밤나무순혹벌에게도 천적은 있습니다. 밤나무꼬리좀벌로, 이 벌은 밤나무순혹벌의 애벌레 몸에 알을 낳는 기생벌입니다. 먹고 먹히는 관계 속에서 적절한 수가 조절되어 건강한 숲이 유지되는 것 같습니다.

밤나무순혹벌혹

밤나무순혹벌혹

밤나무순혹벌혹의 크기를 짐작할 수 있다.

밤나무순혹벌혹 내부 6월 무렵 우화 직전이다.

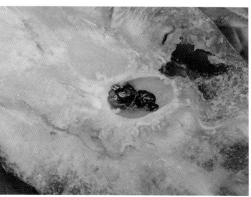

밤나무순혹벌이 막 우화를 시작했다.

갈참나무가지끝혹벌혹

갈참나무가지총포혹벌혹

갈참나무가지총포혹벌혹

갈참나무줄기혹벌혹

갈참나무주맥뒤혹벌혹

버드나무잎주맥잎벌혹

참나무순사과혹벌혹

상수리나무잎위털동글납작혹벌혹

굴참나무줄기혹벌혹

굴참나무가지둥근혹벌혹

굴참나무가지둥근혹벌혹

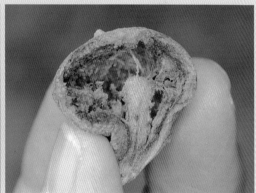

굴참나무가지둥근혹벌혹 내부

굴참나무가지둥근혹벌혹

굴참나무가지둥근혹벌혹 애벌레가 들어 있던 자리

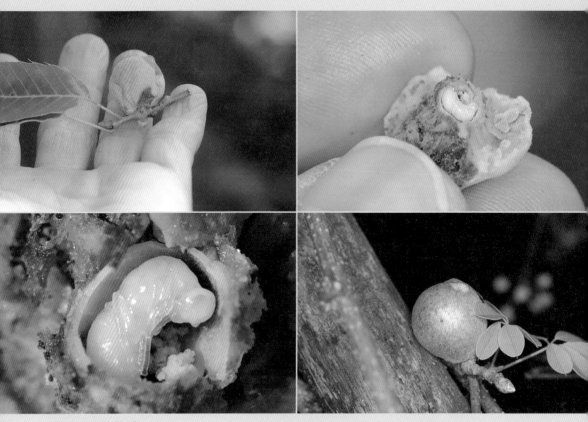

굴참나무가지둥근혹벌혹

굴참나무가지혹벌혹

어리상수리혹벌혹

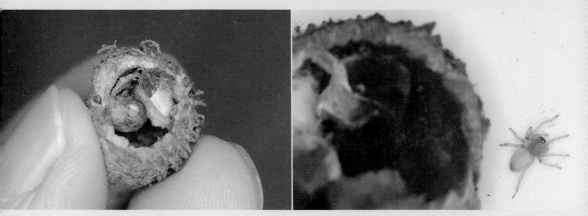

어리상수리혹벌혹 안에서 월동 중인 노랑염낭거미

찔레별사탕혹벌혹

참나무순꽃혹벌혹

신갈나무잎구슬혹벌혹

혹벌 종류가 참나무류 겨울눈에 알을 낳고 있다.

굴참나무가지둥근혹벌혹

굴참나무가지둥근혹벌혹

● 알벌류

아주 작은 알벌과의 기생벌로 주로 다른 곤충의 알에 산란합니다. 알벌의 성
결정은 어미에 의해 결정됩니다. 알벌 어미는 숙주가 될 알에 암벌이 될 알과
수벌이 될 알을 낳습니다. 숙주 알에서 부화한 알벌 애벌레는 날개돋이 후 짝
짓기를 합니다. 짝짓기 후 수벌은 죽고 암벌은 다시 산란할 숙주의 알을 찾아
이동합니다.

암벌은 날개가 있어 이동할 수 있지만 수벌은 날개가 없어 자기가 태어난
숙주의 알 근처에서 탄생 – 성장 – 짝짓기를 거친 후 생을 마감합니다. 노린재
알에 기생하는 검정알벌이 잘 알려져 있습니다.

갈색주둥이노린재 알

갈색주둥이노린재 알에 산란 중인 알벌

북방풀노린재 알에 알을 낳는 알벌

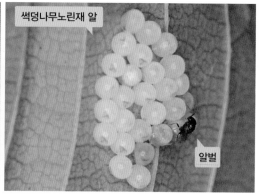

썩덩나무노린재 알

알벌

썩덩나무노린재 알에 있는 알벌

알을 낳기 위해 노린재 알(네점박이노린재나 느티나무노린재 등이 이런 모양의
알을 낳는다)을 살피는 알벌

알벌(산등줄박각시 알)

넓적배사마귀 알집에
알을 낳고 있는 알벌

● 갈고리벌류

몸길이가 약 13밀리미터인 작은 벌입니다. 암컷의 산란관이 갈고리처럼 생겨서 붙인 이름이지요. 이 벌은 개체 수가 적어 오히려 더 관심을 받기도 하지만 생태가 독특해 더 보고 싶어지는 벌입니다.

암컷은 잎 위에 작은 알을 아주 많이 낳습니다. 이 알을 나비목 애벌레나 잎벌아목 애벌레가 잎을 먹다가 같이 먹을 수 있습니다. 특이하게 갈고리벌의 알은 잎 위에서 그대로 부화하지 않고 누군가에 씹혀 알 껍질에 상처가 생겨야 부화한다고 합니다.

다행히 나비목 애벌레나 잎벌아목의 애벌레에게 먹혀 부화에 성공한다고 해도 거기서 끝이 아닙니다. 알을 먹은 나비목이나 잎벌아목 애벌레를 말벌 같은 벌이 경단으로 만들어 자신의 애벌레에게 먹이면 그제야 말벌 애벌레 몸속에서 본격적인 기생생활을 한다고 합니다. 그러니까 나비목 애벌레나 잎벌아목 애벌레는 중간숙주인 셈입니다. 말벌의 애벌레는 최종숙주가 되고요. 이처럼 갈고리벌 애벌레는 중간숙주가 아닌 최종숙주의 몸에서 기생생활을 한다고 알려져 있습니다. 갈고리벌이 작은 알을 많이 낳아야 하는 이유입니다.

등빨간갈고리벌은 대표적인 갈고리벌과의 벌입니다. 그리고 등빨간갈고리벌과 색만 다를 뿐 아주 비슷하게 생긴 갈고리벌도 가끔 보이는데 아직 우리나라 국명이 정해지지 않은 듯합니다. 여기에서는 사진과 학명, 관찰 날짜를 표기하는 것으로 설명을 대신합니다.

등빨간갈고리벌 배에 노란색 줄이 뚜렷하다.

등빨간갈고리벌 5~8월경에 보이는 벌이다. 다른 벌에 비해 상당히 많은 알을 잎 위에 낳는다. 8월에 만난 개체다.

등빨간갈고리벌 5월 말에 만난 개체다.

갈고리벌과 *Bareogonalos jezoensis* (Uchida), 1929 6월 29일에 관찰했다.

● 청벌과

청벌은 단독생활을 하는 몸 색이 아름다운 벌입니다. 영어권에서 jewel wasp, gold wasp, emerald wasp, ruby wasp 등으로 불리는 것만 보아도 이 벌이 얼마나 아름다운지 알 수 있습니다. 주로 푸른색이라 청벌이라는 이름이 붙었지만, 몇몇 종은 붉은색과 청색이 어우러지고 광택이 나서 아주 아름답습니다.

청벌은 분류상으로 침벌류에 속하지만 생활 형태는 기생벌입니다. 주로 호리병벌이나 쐐기나방에 기생한다고 알려져 있습니다. 그래서인지 영어권에서는 청벌의 다른 이름으로 cuckoo wasp라고도 합니다. 뻐꾸기cuckoo처럼 탁란을 하기 때문입니다. 탁란이란 다른 둥지에 자신의 알을 몰래 낳는 것으로, 청벌이 호리병벌 집에 자신의 알을 몰래 낳는 습성 때문에 붙인 이름입니다.

청벌의 몸을 보면 매우 튼튼하게 생겼는데 탁란을 하다 들키면 몸을 둥글게 말아 자신을 보호하는 데 아주 유리한 구조입니다. 어떤 청벌은 숙주와 비슷한 냄새를 뿜는 화학적 의태를 하기도 합니다. 청벌은 워낙 종이 많기도 하지만 형태만으로 구별할 수 없는 종이 많습니다. 여기에서도 이름이 명확한 종을 제외하고 청벌류로 표기합니다.

호리병벌 집

호리병벌 집에서 나온 왕청벌

줄육니청벌 배 끝에 이빨처럼 생긴 돌기가 6개 있어 붙인 이름
이다.

줄육니청벌의 얼굴

줄육니청벌 탁란할 대상을 찾으려고 구멍을 들락거린다.

줄육니청벌 6월에 보이는 청벌로 매우 아름답다.

청벌의 산란관 침벌류에 속하지만 사람을 쏘지 않고 기생생활을
한다.

청벌류

나무에 구멍을 파고 그 안에 들어
가는 아주 작은 청벌 종류다.　(05. 10)

청벌류

132

● 개미벌과

개미와 비슷하게 생겼지만 침벌류에 속하는 벌입니다. 침이 있어 쏠 수 있습니다. 주로 뜨거운 한낮에 활발하게 활동합니다. 수컷과 달리 암컷은 날개가 없어 숲 바닥에 돌아다니는 것을 자주 봅니다. 암컷은 앞다리가 굵어 땅을 파기에 적합합니다. 이는 땅속에 있는 다른 벌의 둥지를 찾기 위해서입니다. 개미벌의 애벌레는 다른 벌의 집에 살면서 뒤영벌이나 꽃벌류 가운데 몇 종의 애벌레나 번데기를 먹고 산다고 알려졌습니다.

구주개미벌 날개가 없는 암컷이다. 7월에 만났다.

구주개미벌 온몸에 털이 많으며 가슴만 검붉은색이다. 애벌레가 다른 벌에 기생한다. 몸길이는 14mm 정도다. 9월에 만났다.

구주개미벌의 크기를 짐작할 수 있다.

밑분홍개미벌 제2 배마디 앞쪽에 털 뭉치 2개가 점처럼 보인다. 몸길이는 5~9mm다.

개미벌류 6월에 만났다.

개미벌류 10월에 만났다.

별개미벌(추정) 9월 25일 만났다. 몸길이는 13mm 내외다.

● 배벌과

배벌은 단독생활을 하는 벌입니다. 암컷은 주로 땅속에 있는 풍뎅이류 애벌레를 찾아 침으로 마비시키고 몸에 알을 낳습니다. 알에서 깨어난 배벌 애벌레는 풍뎅이 애벌레를 먹으면서 성장합니다. 애벌레는 육식성이지만 배벌 성충은 꽃꿀이나 꽃가루를 먹습니다. 성충은 5, 6월에 볼 수 있으며 온몸에 털이 많습니다.

배벌은 외형만으로 구별하기가 어렵습니다. 몇 종을 제외하곤 형태가 비슷해서 정확하게 분류하기가 힘듭니다. 여기에서는 이름을 달고 '(추정)'으로 기재했습니다.

황띠배벌 몸에 노란색 띠가 있다.

황띠배벌 날개를 펼치자 배마디에 있는 황색 띠가 선명하다.

황띠배벌 애벌레는 육식성이지만 성충은 꽃꿀이나 꽃가루를 먹는다.

황띠배벌 몸길이는 23~27mm, 6~10월에 보인다.　　황띠배벌의 크기를 짐작할 수 있다.

어리줄배벌 몸에 털이 많고 얼굴이 노랗　어리줄배벌의 얼굴　　　어리줄배벌 8월에 만난 개체다.
다. 몸길이는 20mm 정도다.

어리줄배벌

애배벌

애배벌(추정) 풍뎅이 애벌레를 찾아 땅을 파고 있다. 풍뎅이 애벌레 몸에 알을 낳기 위해서다.

긴배벌   배벌류 6월 만난 개체다.   배벌류 8월에 만난 개체다.

● 대모벌과

대모벌과의 벌은 단독생활을 하며 몸길이가 15~25밀리미터입니다. 주로 거미를 사냥해 애벌레의 먹이로 쓰기 때문에 영어권에서는 거미벌spider wasp이라고 합니다. 마취한 거미를 애벌레가 살 집으로 끌고 들어가 배 위에 알을 하나 낳고 입구를 흙으로 막아 집을 보호합니다. 흥미로운 점은 여러 개의 집을 만들 때 마지막 방에 죽은 개미를 넣기도 한다는 것입니다. 개미가 발산하는 화학물질이 천적의 침입을 막아주기 때문이지요. 애벌레는 거미를 먹는 육식성이지만 성충이 되면 꽃꿀만 먹습니다.

어미가 거미를 물어다가 마취하는 이유는 집의 청결을 유지하고 자신의 애벌레에게 신선한 먹이를 공급하기 위해서입니다. 만약 먹이가 될 거미가 집 안에서 죽으면 부패가 일어나 집의 청결에 문제가 되고, 애벌레에게도 좋지 않은 영향을 미칠 것입니다. 신기한 것은 대모벌의 애벌레도 어미가 넣어준 거미를 죽이지 않고 먹는다는 점입니다. 생명 유지에 필수인 심장이나 중추신경계는 먹지 않는다고 하니 그저 놀라울 뿐입니다.

왕무늬대모벌 몸길이는 15mm 정도, 6~8월에 활동한다.

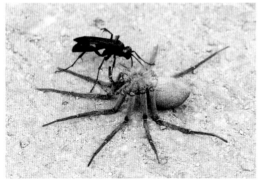

왕무늬대모벌이 거미를 마취했다.

왕무늬대모벌 암컷 제2 배마디에 황색 띠무늬가 있다. 수컷은 이 무늬가 없다.

거미를 운반하는 왕무늬대모벌

홍허리대모벌 5~6월에 활동하는 벌이다.

홍허리대모벌 왕무늬대모벌과 비슷하지만 배마디에 있는 붉은색 띠가 구별된다.

홍허리대모벌 배마디에 적갈색 띠가 두 개 있지만 개체마다 차이가 있다.

홍허리대모벌 새끼의 먹이로 쓸 거미를 마취해 끌고 간다.

홍허리대모벌 거미를 마취해 애벌레가 살 구멍에 넣어두곤 거미 몸에 알 하나를 낳는다. 알에서 깨어난 애벌레는 거미를 먹으며 성장한다.

좀대모벌이 거미를 마취해 끌고 간다. 몸 전체가 검은색이다.

대모벌류 검은날개무늬깡충거미 암컷을 마취해 끌고 간다.　　　　　　　　　　대모벌류

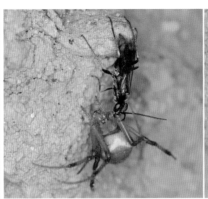

작은 대모벌류가 거미를 물고 간다.　　　대모벌류 연두어리왕거미를 물고 간다. 9월 18일 관찰한 장면이다.

대모벌 몸길이는 22~25mm로 7~9월에 활동하는 거미 사냥　대모벌 성충은 꽃꿀을 먹지만 애벌레는 거미를 먹는 육식성이다.
꾼이다.

● 말벌과

말벌과에는 우리가 아는 말벌, 땅벌, 쌍살벌, 호리병벌 등이 속해 있습니다. 몸길이는 1~5센티미터이며 장수말벌처럼 독성이 강한 벌들이 많습니다. 애벌레 때는 육식성이지만 성충이 되면 꽃꿀이나 꽃가루, 과즙 등을 먹는 종이 많습니다.

호리병벌아과, 말벌아과, 쌍살벌아과 등이 있으며, 호리병벌아과에 큰호리병벌, 애호리병벌, 점호리병벌, 쌍띠감탕벌, 줄무늬감탕벌 등이, 말벌아과에는 장수말벌, 좀말벌, 털보말벌, 말벌, 땅벌 등이 있습니다. 그리고 쌍살벌아과에 왕바다리, 별쌍살벌, 어리별쌍살벌, 뱀허물쌍살벌 등이 있습니다.

호리병벌아과(말벌과)

호리병벌과는 없어지고 말벌과에 호리병벌아과로 바뀌었으며, 감탕벌도 호리병벌아과에 속합니다. 말벌과 호리병벌아과의 호리병벌은 단독생활을 하는 사냥벌입니다. 진흙으로 호리병 모양으로 집을 만들기 때문에 붙인 이름이죠.

대부분 흙으로 호리병이나 항아리 모양, 방패 모양, 달걀 모양으로 집을 짓는데 그 안에 다시 손가락 한두 마디 정도의 터널 모양으로 흙집을 짓습니다. 겉을 흙으로 감싸기도 하고 장소에 따라서는 그대로 두기도 합니다. 띠호리병벌은 나무에 구멍을 파거나 이미 뚫려 있는 구멍을 이용하기도 합니다.

흙집 안에는 나비목 애벌레를 여러 마리 마취하여 넣은 뒤 알을 하나 낳고 입구를 흙으로 막습니다. 첫 번째 흙집 옆에 두 번째 흙집을 이어 붙이는 식으로 보통 흙집을 7~8개 짓고 전체를 다시 감쌉니다. 바위 등에 붙여 지을 때는 방패 모양, 나뭇가지 등에 지을 때는 달걀 모양입니다.

흙집 속에서 어미가 넣어준 먹이를 먹고 자란 호리병벌 애벌레는 번데기를 거쳐 성충이 되면 큰턱으로 흙집을 물어뜯어 탈출합니다.

우리 주변에는 다양한 흙집이 보이는데 사실 흙집만으로는 어떤 호리병벌이 만들었는지 구별하기는 힘듭니다. 흙집은 모양과 크기가 매우 다양하고 재료도 조금씩 다른데 여기에서는 구분하지 않고 호리병벌류가 지은 흙집이라는 제목으로 함께 올립니다. 어떤 자료를 보면 진흙 위에 작은 돌멩이 알갱이가 많이 보이면 감탕벌이 지은 집이라고도 하지만, 사실 이것도 구별하기가 힘듭니다. 여기에서는 호리병벌, 감탕벌 집도 구분하지 않고 함께 올립니다.

흙집 내부를 들여다보면 작은 흙덩어리를 여러 덩이로 이어 붙여 지은 것이 보이는데 이 작은 덩어리 하나하나가 어미가 한 번에 하나씩 물어 온 크기입니다. 어미는 팥알 크기의 흙 경단을 입으로 물고 와 집을 짓습니다. 흙집 하나를 만들기 위해 어미가 얼마나 많이 흙을 물어 와야 하는지 충분히 알 수 있습니다. 호리병벌의 성충은 주로 6~10월에 볼 수 있습니다.

다음은 호리병벌 집에 관한 자료입니다. 이 내용은 확정된 것이 아니므로 참고로 활용하시기 바랍니다.

애호리병벌	항아리 모양의 집 하나를 지어 그 안에 자나방과 애벌레를 마취하여 넣는다. *점호리병벌도 집 하나를 지은 뒤 산란하기도 한다(사진 참조).
황점호리병벌	작은 항아리를 약간 포갠 모양으로 돌이나 바위 등에 붙여 지으며 방이 2개다. 안에 잎말이나방이나 명나방 애벌레를 마취하여 넣는다.
감탕벌류	모래가 섞인 흙으로 원통형의 집을 지으며 방이 보통 4~5개이다. 그 안에 명나방이나 잎말이나방 애벌레를 마취하여 넣는다.

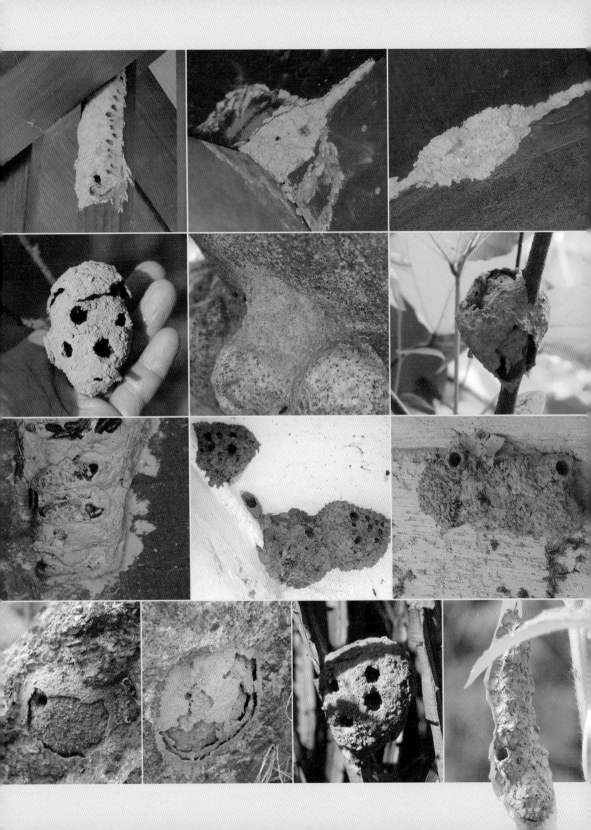

호리병벌류가 지은 집 가운데 유난히 눈에 띄는 집이 있습니다. 아주 예쁜 도자기를 닮은 집입니다. 이 집들은 보통 방 하나로 이루어졌으며 나뭇가지나 잎에 붙어 있기도 하고 돌이나 바위, 인공 구조물 등의 틈새에 붙어 있기도 합니다.

자료를 찾아보면 애호리병벌이 지은 집이라고 하고, 또 점호리병벌이 지은 집이라고도 합니다. 어떤 자료에는 민호리병벌이 지은 집이라고도 하네요. 이 흙집들을 누가 지었는지 가늠할 수 없어 자료로 여기에 같이 올립니다.

● 항아리 모양의 흙집과 애벌레 ●

흙집

146

흙집 내부

흙집

흙집에서 나온 고치

흙집에서 나온 애벌레

황점호리병벌 집   황점호리병벌 집 바위 등에 붙여 만들며 보통 방   황점호리병벌 집 내부
이 2개다.

점호리병벌의 산란 제2 배마디에만 황색 점이 있다. 제
1 배마디(허리처럼 잘록한 부분)에도 점이 있으면 황점호리
병벌이다.

황점호리병벌은 약간 포갠 모양으로 흙집을
짓는데 보통 방이 2개입니다. 성충은 점호
리병벌과 비슷하게 생겼지만 배의 제1,2
마디에 황색 점이 있어 구별할 수 있습
니다. 점호리병벌은 배 제2마디에만 황
색 점이 있지요.

호리병벌류의 성충도 흙집만큼이나
구별하기가 어렵습니다. 특히 애호리병
벌과 민호리병벌, 띠호리병벌의 구별이
어려운데, 먼저 이들은 배마디에 황색 점
이 없어 점호리병벌이나 황점호리병벌과

는 구별됩니다.

띠호리병벌은 다리가 모두 검은색인데 앞다리의 종아리마디 앞쪽만 황색

148

입니다. 반면, 애호리병벌과 민호리병은 모든 다리의 종아리마디 아래가 황
갈색이라 띠호리병벌과는 구별됩니다. 애호리병벌은 두 번째 배마디의 노란
무늬가 등 쪽에서 보면 크게 부풀어 있는 것처럼 보이는데 민호리병벌은 그
렇지 않습니다.

또 다른 분류법은 가슴등판에서 날개가 시작되는 부분이 노란색이면 점호
리병벌, 검은색이면 민호리병벌이라고 합니다. 가끔 점호리병벌 중에 점이
없는 개체 변이도 있어 알아두면 좋겠지요. 하지만 이 또한 변이가 있기 때문
에 완전한 분류법이라고는 할 수 없습니다.

큰호리병벌은 예전에 호리병벌이라고 불려 종종 혼동을 일으켰는데 국명
이 호리병벌에서 큰호리병벌로 바뀌었습니다. 호리병벌 가운데 가장 크기 때
문에 그나마 구별이 쉽습니다.

애호리병벌	모든 다리의 종아리마디 아래가 황갈색이며 두 번째 배마디에 있는 노란색 무늬가 크게 부풀어 보인다.
민호리병벌	모든 다리의 종아리마디 아래가 황갈색이며 두 번째 배마디에 있는 노란색 무늬가 부풀어 보이지 않고 띠처럼 보인다. 날개가 시작되는 부분이 검은색이다.
띠호리병벌	앞다리의 종아리마디 안쪽만 황색이며 나머지 모든 다리는 검은색이다.
점호리병벌	두 번째 배마디 양쪽에 황색 점이 있다. 날개가 시작되는 부분이 노란색이다.
황점호리병벌	제1,2 배마디에 황색 점이 있다.
큰호리병벌	국명이 호리병벌에서 큰호리병벌로 바뀌었으며 호리병벌 가운데 가장 크다. 몸길이는 25밀리미터가량이다.

애호리병벌 5~9월에 보이며 몸길이는 16~19mm다. 제2 배마디에 노란색 무늬가 부풀어 보인다.

애호리병벌 암컷 흙집을 짓기 위해 흙 경단을 만들고 있다.

큰호리병벌 우리나라 호리병벌 중에서 가장 크다. 몸길이는 25mm 정도다.

큰호리병벌 호리병벌에서 국명이 큰호리병벌로 바뀌었다.

큰호리병벌 이마방패가 노란색이다.

큰호리병벌 방 2~7개인 흙집을 지으며 6~10월에 보인다.

큰호리병벌이 흙을 물어가려고 한다.

큰호리병벌 흙 경단을 물고 있다.   큰호리병벌 산란을 마치고 물고 온 흙을 입구에 바르고 있다.

큰호리병벌 흙을 펴서 입구를 막고 있는 게 보인다.   큰호리병벌 입구 막는 작업을 완성했다. 새로 바른 흙은 색이 다르다.

큰호리병벌 집 두 개의 완성된 집 크기를 짐작할 수 있다.   큰호리병벌이 만든 또 다른 흙집 매우 크게 만들었다. 안에
독립된 애벌레 방이 들어 있다.

| 띠호리병벌 |

호리병벌이 모두 흙집을 짓는 건 아닙니다. 호리병벌 가운데 나무에 구멍을
뚫거나 이미 뚫린 구멍을 이용해 집을 짓기도 합니다. 띠호리병벌이 그 주인
공이지요. 구멍 안에는 여느 호리병벌들처럼 나비목 애벌레를 여러 마리 마
취해서 넣은 후 알을 하나 낳습니다. 그리곤 입구를 흙으로 막습니다. 하지만
이런 조심을 해도 청벌에 의해 탁란을 당하기도 합니다.

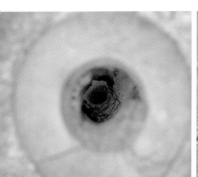

띠호리병벌 집

띠호리병벌이 애벌레를 마취한 후 끌고 간다.

띠호리병벌 몸길이는 15~19mm다.
5~6월에 많이 보인다.

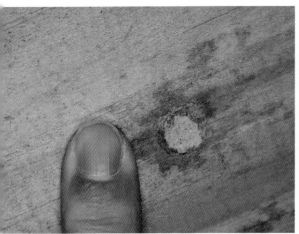

띠호리병벌이 지은 집으로 추정된다.

띠호리병벌 집(추정)

| 감탕벌 |

감탕벌은 말벌과 호리병벌아과에 속하며 생태적 특징은 호리병벌과 비슷합
니다. '감탕'이라는 말은 흙을 곤죽으로 만든다는 뜻이니 감탕벌은 흙집을 짓
기 전에 진흙을 이기는 과정에서 생긴 이름이고, 이 흙으로 호리병 모양의 집
을 지어서 호리병벌이라고 한 듯합니다. 물론 흙집을 지으려면 진흙을 감탕
하고 형태(호리병 모양)를 잡아야 하니, 이렇듯 습성이 같은 벌 집안임을 알
수 있습니다.

　감탕벌이 호리병벌과 조금 다른 점은 흙집을 지을 때 초기에 연통 모양으
로 입구를 만든다는 겁니다. 이 연통 모양의 입구는 흙집을 완성하면 없앱니
다. 그리고 신기한 것은 처음에 만든 큰 방에서 자란 애벌레는 암컷이 되고
이후에 만든 작은 방에서 자란 애벌레는 수컷이 된다고 합니다.

　어미는 흙집 내부에 나비목 애벌레를 마취하여 넣은 뒤 알을 낳고 입구
를 흙으로 막은 뒤 그곳을 떠납니다. 흙집에서 어미가 넣어준 먹이를 먹고 무
럭무럭 자란 감탕벌 애벌레는 보통 종령 애벌레 상태(또는 번데기 상태)에서
겨울을 난다고 알려졌습니다.

쌍띠감탕벌이 만든 흙집 입구

쌍띠감탕벌이 흙집 입구를 만들고 있다.

쌍띠감탕벌　이마방패와 더듬이 기부 그
리고 더듬이 사이가 황색이다. 호리병벌
집안답게 흙집 짓는 솜씨가 수준급이다.

쌍띠감탕벌 배 윗면에 노란색 띠무늬가 2개 있다.

쌍띠감탕벌이 흙 경단을 물고 간다.

세줄감탕벌 배에 노란색 줄이 3줄 있다. 5~9월에 보이고 나비
목 애벌레를 사냥하지만 가끔 딱정벌레 애벌레도 사냥한다.

별참두줄감탕벌 몸길이는 8mm 정도로, 4월과 8월에 많이 보인다.

별참두줄감탕벌의 크기를 짐작할 수 있다.

별참두줄감탕벌 몸은 검은색이며 날개가 반투명한 암갈색이다.
배에 노란색 띠가 2줄 나타난다.

줄무늬감탕벌 배 윗면에 노란색 줄이 두 줄 있다. 몸길이는 18mm 정도, 6~9월에 많이 보인다.

줄무늬감탕벌 쌍띠감탕벌처럼 초기 집의 입구를 굴뚝 모양으로 만들어 굴뚝감탕벌이라고도 한다. 명나방, 뿔나방, 잎말이나방, 밤나방의 애벌레를 먹이로 준비한다.

감탕벌류

감탕벌류

감탕벌 종류가 애벌레를 물고 집으로 들어간다 애벌레의 먹이다.

땅감탕벌 겹눈 뒤(뺨)에 노란색 점무늬가 있다. 몸길이는 11~13mm로 8월에 자주 보인다.

말벌아과(말벌과)

말벌아과에는 장수말벌, 말벌, 땅벌 등 공격성이 매우 강한 벌들이 많이 속해 있습니다. 여느 벌들보다 덩치가 크기 때문에 크다는 의미의 '말' 자를 붙였습니다. 대부분 여왕벌과 일벌, 수벌 등이 집단생활을 하며 계급과 역할이 명확한 사회성 벌입니다.

벌의 집단을 보통 봉군이라고 하는데 봉군은 1년 동안 유지되며 계절에 따라 다양한 생활 특성이 나타납니다. 말벌들의 일반적인 생활사를 정리하면 다음 표와 같습니다. 영소營巢란 집을 짓는 것을 가리킵니다.

전 영소기	여왕벌이 집을 짓기 전의 시기
단독 영소기	여왕벌이 홀로 집짓기, 알 낳기, 애벌레 기르기 등을 하며 아직 일벌이 태어나지 않은 시기
공동 영소기	일벌이 태어난 후 여왕벌과 일벌이 공동으로 집짓기, 육아 등을 하는 시기
분업기	여왕벌은 산란만 전담하고, 나머지 공동체를 지키고 애벌레를 돌보는 등의 모든 일은 일벌이 전담하는 시기
생식봉 생산기	여왕벌이 일벌의 생산을 중단하고 새 여왕벌과 수벌만 낳는 시기
월동기	수벌과 짝짓기에 성공한 새 여왕벌만 월동하는 시기. 새 여왕벌을 제외하고 그해의 여왕벌, 일벌, 수벌은 모두 죽는다.

말벌의 성 결정 방법은 이배체와 반수체입니다. 이배체는 부모에게서 1조씩 염색체를 전달받은 수정란으로부터 발생하여 암벌이 됩니다. 이에 반해 미수정란으로 발생하는 반수체의 벌은 수벌이 됩니다. 그러니까 수벌은 어미는 있지만 아비는 없는 셈입니다. 암컷을 낳을지 수컷을 낳을지는 알을 낳는 암벌(주로 여왕벌)이 임의대로 결정합니다.

생식봉 생산기에 태어난 이듬해 여왕이 될 새 여왕벌과 수벌이 짝짓기를 합니다. 새 여왕벌은 짝짓기한 수벌의 정자를 자신의 몸속에 저장한 상태로 겨울잠을 잡니다. 짝짓기 후에는 수벌뿐만 아니라 그해 여왕벌, 일벌들은 모두 죽고 오직 새 여왕벌만이 단독으로 겨울잠을 자는 것이지요(쌍살벌은 새 여왕벌 여러 마리가 모여서 함께 겨울잠을 잡니다).

이듬해 봄, 겨울잠에서 깨어난 새 여왕벌은 본격적으로 봉군을 만들기 위해 집을 짓고 알을 낳습니다. 이때 낳는 알은 모두 수정란으로 암컷이 됩니다. 그리고 공동 영소기, 분업기를 거친 후 생식봉 생산기가 되면 수정란에서 새 여왕벌이 태어나고 미수정란에서는 수벌이 태어나도록 조절합니다. 그러곤 겨울이 오기 전 생을 마감합니다.

말벌류의 애벌레는 육식성이지만 성충이 되면 꽃가루나 꽃꿀, 땅에 떨어져 발효 중인 과일 등의 즙을 먹습니다. 말벌의 성충이 꿀벌이나 다른 곤충의 애벌레 등을 사냥하는 건 자신이 먹기 위해서가 아니라 모두 애벌레들에게 먹이기 위해서입니다.

말벌류의 집은 꿀벌과 성분이 다릅니다. 꿀벌은 일벌의 밀선에서 나오는 밀랍(꿀벌의 배마디에서 아주 작은 비늘로 분출)으로 집을 만들고, 말벌류는 썩어 가는 나무 등을 뜯어다가 침과 섞어서 집을 만듭니다. 특히 말벌 집의 색깔과 무늬가 다양하게 나타나는 이유는 한 나무에서만 뜯어오는 것이 아니라 여러 나무의 껍질을 물어오기 때문입니다.

좀말벌, 털보말벌, 황말벌, 등검은말벌 등은 탁 트인 장소에 집을 짓고 장수말벌, 꼬마장수말벌, 말벌 등은 땅속이나 나무 구멍 등 은밀한 곳에 집을 짓습니다.

우리나라에 사는 말벌류를 좀 더 세분해서 구분하면 다음과 같습니다.

말벌속	장수말벌, 꼬마장수말벌, 말벌, 좀말벌, 등검은말벌, 검정말벌, 털보말벌, 황말벌 등
땅벌속	참땅벌, 땅벌 등
쌍살벌속	왕바다리, 제주왕바다리, 등검정쌍살벌, 별쌍살벌, 어리별쌍살벌, 두눈박이쌍살벌 등
뱀허물쌍살벌속	뱀허물쌍살벌, 큰뱀허물쌍살벌

다음은 폐허가 된 말벌류 집 내부 모습입니다. 번데기 상태도 있고 날개돋이 직전의 모습도 보입니다. 개미들의 공격을 받는 모습도 보이고요. 생식봉 생산기 전의 모습 같습니다.

◆ 말벌류의 집 내부

말벌 집은 모양과 크기가 다양합니다. 처마 밑이나 나뭇가지 등에 짓는가 하면 덤불 속이나 바위 구멍 속에 짓기도 합니다. 심지어 오래된 새의 집을 이용해 집을 짓기도 하지요. 동그란 모양도 있고 길쭉한 모양도 있습니다. 초기의 집을 다시 늘려 짓기도 하고요. 집 위치도 다릅니다. 바닥 쪽에 보이기도 하고 사람 키 정도 높이에도 보이고 아주 높은 나뭇가지 위에 보이기도 합니다. 집만으로는 어떤 말벌의 집인지 구별하기가 어려워 여기에서는 참고 자료로 다양한 말벌 집을 소개합니다.

● 말벌류가 지은 다양한 집 ●

좀말벌은 보통 혼합림의 덤불속이나 약간 개방된 곳, 그리고 인가의 지붕 아래, 처마 밑 등 열린 공간에 집을 짓는다. 초기에는 기다란 굴뚝 모양으로 입구를 내지만 나중에는 입구를 떼어버린다. 다음은 인가의 처마 밑에 집을 짓는 좀말벌의 모습이다. 전 과정은 아니지만 최대한 자세하게 소개하고자 한다. 모양이나 장소는 다르지만 다른 말벌류도 이런 방식으로 집을 짓는다.

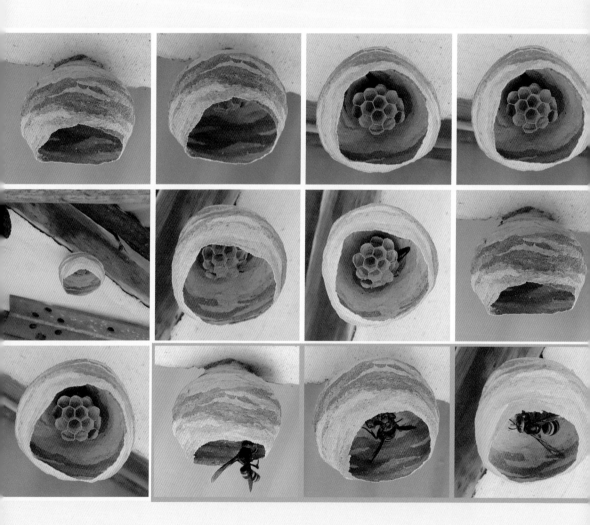

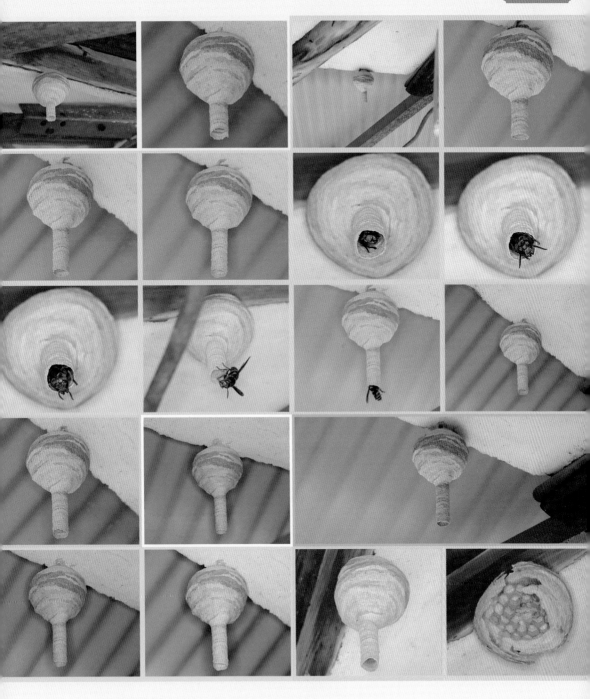

말벌 집 열린 공간이 아니라 은밀한 공간에 집을 짓는다.   말벌 나무 틈새에 들어가려고 한다. 안에 벌집이 있는 듯하다.

말벌 앞가슴등판 양 옆과 배마디 부분이 붉은 갈색이라 다른 말벌들과 구별된다.   말벌 밤에도 활동한다.   말벌 낮에도 활동한다.

말벌 애벌레에게 먹이려고 곤충을 사냥했다. 애벌레는 육식성이지만 성충은 초식성이다.   말벌 얼굴   겨울잠을 자는 말벌 새 여왕벌 두 마리 말벌이 겨울잠을 자고 있다. 큰턱으로 나무를 파서 방을 만든다.

검정말벌 검은빛이 도는 적갈색이라 붙인 이름이다. 우리나라 말벌류 중에서 유일하게 배마디에 노란색 줄무늬가 없다.

검정말벌 낮에 본 검정말벌

검정말벌

노랑눈비단명나방

검정말벌
노랑눈비단명나방과
함께 있다. 밤에도 활동한다.

검정말벌 나무 구멍에 집을 짓는다. 다른 말벌의 집에 침입해 여왕벌을 죽이고 일벌과 새끼들을 노예로 삼는 사회적 기생을 하는 습성이 있다.

검정말벌 애벌레는 육식성이지만 성충은 떨어진 과일, 꽃꿀 등을 먹는다.

검정말벌이 나무 수액을 먹고 있다.

좀말벌 초기 집 거꾸로 된 호리병 모양이지만 나중에는 입구처럼 생긴 부분을 제거해 축구공 모양이다.

좀말벌 앞가슴등판에 가느다란 황색 가로띠가 있으며 제2 배마디 뒤쪽에 황색, 또는 적갈색의 무늬가 양쪽으로 있다.

좀말벌 몸길이는 22~28mm다.

좀말벌이 집을 만들고 있다.

좀말벌 새 여왕벌이 겨울잠을 자고 있다. 월동 후 봉군을 일으킬 미래의 여왕이다.

좀말벌과 꼬마장수말벌이 나란히 겨울잠을 자고 있다. 보통 단독으로 겨울잠을 자는데 드문 현상이다.

좀말벌 집을 짓기 위해 나무껍질을 뜯어간다.

털보말벌 집 개방된 곳에 짓는다. 보통 축구공 크기다.

털보말벌 집 내부

털보말벌 부서진 털보말벌 집에서 털보말벌 한 마리가 나오고 있다.

털보말벌 애벌레는 육식성이지만 성충은 꽃꿀 등을 먹는 초식성 이다.

털보말벌 몸길이는 26mm 정도다. 온몸에 황색 털이 빽빽하다. 이름 그대로 온몸이 털투성이다.

털보말벌 황말벌(주로 제주도에 서식)보다는 작고 배 윗면에 황색 도 적어 구별된다.

털보말벌 겨울잠을 자고 있는 새 여왕벌이다.

겨울잠을 자는 털보말벌을 살짝 건드리자 움직인다.

털보말벌은 중부지방에서 가장 많이 보인다.

털보말벌 얼굴

꼬마장수말벌 장수말벌 다음으로 큰 말벌이다.

꼬마장수말벌 장수말벌보다 무늬가 더 화려하다.

176

꼬마장수말벌 다른 말벌류에 비해 산란 시기가 늦다. 일벌과 여왕벌의 분업화가 거의 이루어지지 않는다.

꼬마장수말벌 쌍살벌 둥지를 습격해 쌍살벌 애벌레를 물어다 자신의 새끼에게 먹인다. 우리나라 말벌 중 봉군이 가장 작다 (50~80마리).

꼬마장수말벌 애벌레는 육식성이지만 성충은 떨어진 과일의 즙 등을 먹는 초식성이다.

꼬마장수말벌 침

꼬마장수말벌 몸길이는 25~30mm로 다른 말벌보다 배가 길다.

꼬마장수말벌 새 여왕벌이 겨울잠을 자고 있다.

꼬마장수말벌이 물을 먹고 있다. 그 옆에 참개구리가 쳐다보고 있다.

장수말벌 우리나라 말벌 중 가장 크다. 여왕벌은 45~50mm다.

장수말벌 나무의 빈 곳이나 벽의 틈새에 집을 만든다.

장수말벌 밤에 수액에 모여든다.

장수말벌 집을 만들기 위해 나무껍질을 물어뜯는다.

수액을 먹고 있는 장수말벌

장수말벌 떨어진 밤나무 수꽃을 물고 간다. 성충은 꽃가루 등을 먹는 초식성이다.

장수말벌 암컷 이마방패와 겹눈이 붙어 있고 수컷은 떨어져 있다.

장수말벌 암컷은 더듬이가 11마디고 수컷은 12마디다. 꿀벌과 쌍살벌의 가장 큰 천적이다.

장수말벌이 뱀허물쌍살벌 집을 물어뜯고 있다.

장수말벌이 뱀허물쌍살벌 집을 공격하고 있다.

장수말벌 얼굴

장수말벌 매우 공격적이며 독성이 강하다.

| 등검은말벌 |

동남아시아에 많이 분포하는 종으로 우리나라에는 2003년 부산 영도에서 처음 발견된 이래 급속도로 퍼져나갔습니다. 2010년 이후부터 남부지방에서 말벌들 가운데 가장 수가 많은 우점종이 되었고 계속해서 충북, 강원 지역까지 서식지를 넓혀가고 있습니다.

우리나라에 사는 말벌류 가운데 몸집은 가장 작지만(몸길이 20~25밀리미터) 벌집은 가장 크고, 서식하는 벌의 개체 수도 가장 많습니다. 특히 꿀벌의 성충을 사냥하여 양봉 농가에 위협이 되고 있습니다.

전국적으로 확산되고 있어 토종 말벌들과의 경쟁에서도 우위를 차지하고 있으며 공격성이 매우 강해 인명 피해 사례가 늘어나고 있습니다. 환경부에서는 2019년 생태계교란 야생생물로 지정하여 관리하고 있습니다.

집은 대부분 큰 나무의 높은 곳에 짓습니다. 우리나라에 사는 말벌 중에서 가장 높은 곳에 집을 짓는 것으로 알려졌습니다. 집 모양은 둥근 공 모양이 아닌, 일그러진 타원형이나 불규칙적인 형태가 많습니다. 이는 무리의 수가 늘어남에 따라 초기 집을 계속해서 늘려 나가기 때문입니다.

등검은말벌 우리나라에서 가장 작은 말벌로 몸길이는 20~25mm다.

등검은말벌 동남아에서 들어온 외래종으로 꿀벌류의 성충을 주로 사냥한다. 우리나라 전역으로 확산되었다.

등검은말벌 앞가슴등판은 무늬가 없고 검은색이다. 배마디의 각 마디 뒤 가장자리가 노란색 또는 갈색을 띠며, 네 번째 마디는 완전히 노란색이다.

등검은말벌 집 우리나라 말벌 중 가장 높은 곳에 집을 짓는다.

등검은말벌 집 여느 말벌 집과 달리 장방형 불규칙한 모양으로 집을 짓는다.

| 땅벌 |

땅벌은 벌아목 말벌과 말벌아과에 속하며, 영어식 이름인 'yellowjacket'에서 알 수 있듯 노란색 줄무늬가 선명합니다. 우리나라에 사는 말벌 가운데 몸집이 작은 편에 속하며, 중땅벌을 제외한 다른 땅벌들은 땅속에 집을 짓습니다. 이 때문에 땅벌이라는 이름을 붙였지요. 지방에 따라 땡삐, 땡벌이라고도 합니다.

애벌레 때는 육식성이지만 성충이 되면 꽃꿀이나 꽃가루, 수액 등을 먹으며 특히 과즙이나 음료수 등에 자주 모이는 것을 볼 수 있습니다.

처음에는 들쥐가 파놓은 구멍이나 나무가 쓰러지면서 생긴 구멍 등에 여왕벌 혼자 집을 짓습니다. 하지만 일벌이 태어나면 차츰 집 아래쪽 흙을 물어내어 집을 넓힙니다.

우리나라에는 땅벌, 참땅벌, 기생땅벌, 독일땅벌, 노랑띠땅벌, 흰띠땅벌과 외래 곤충으로 요즘 생태계에 위협이 되고 있는 점박이땅벌 등이 서식합니다. 우리 눈에 자주 띄는 땅벌류는 땅벌과 참땅벌입니다. 둘은 비슷하면서도 차이가 있습니다.

● 땅벌과 참땅벌

땅벌	참땅벌
참땅벌보다 작다.	땅벌보다 크다.
노란색 줄무늬가 가늘고 곧다.	노란색 줄무늬가 넓고 약간 구불거린다.
넓적다리마디가 노란색이다.	넓적다리마디에 검은색 무늬가 뚜렷하다.
얼굴에 검은색 줄무늬가 3분의 2까지 차지한다.	얼굴에 검은색 줄무늬가 3분의 1를 차지한다.

땅벌 애벌레는 육식성이지만 성충은 꽃가루 등을 먹는다.

땅벌 암컷 수컷보다 더듬이가 짧다. 암컷은 더듬이가 12마디, 수
컷은 13마디다.

땅벌 수컷 털이 많으며 암컷보다 더듬이가 더 길다. 노란색 줄
무늬는 참땅벌에 비해 가늘고 곧다.

땅벌은 이마방패에 있는 검은색 세로줄이 3분의 2 위치까지 내려
온다.

땅벌이 매미를 물고 있다 애벌레에게 먹일 식량이다.

땅벌

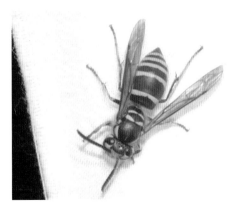

참땅벌 노란색 줄무늬가 땅벌보다 더 넓다.

참땅벌의 줄무늬가 뚜렷하다.

참땅벌 이마방패에 검은색 줄무늬가 희미하거나 3분의 1 지점까지만 보인다.

참땅벌 여왕벌 일벌이나 수벌과 다르게 생겼다.

이른 봄에 만난 참땅벌 여왕벌

참땅벌의 거미 사냥

참땅벌이 산제비나비 번데기 속을 파서 애벌레에게 먹일 경단을 만들고 있다.

참땅벌이 죽은 개구리 몸에 붙어 있다.

쌍살아과(말벌과)

쌍살벌의 이름은 뒷다리 한 쌍(쌍)을 화살(살)처럼 늘어뜨리고 날아다니는 모습에서 비롯되었습니다. 우리나라 이름은 뻗은 다리에서 비롯된 '바다리'입니다. 이 무리의 대부분 이름을 쌍살벌로 지었지만 왕바다리, 제주왕바다리처럼 우리말 이름이 있는 종도 있습니다.

말벌들과 생활환生活環, life cycle이 비슷합니다. 겨울을 난 여왕벌이 집을 지어 알을 낳고, 알에서 2~3일 지나면 애벌레가 깨어납니다. 이 애벌레가 자라면 일벌(암컷)이 됩니다. 일벌의 수가 많으면 봉군도 커집니다. 가을쯤 여왕벌은 수정란에서 새 여왕벌, 미수정란에서 수벌을 생산합니다.

짝짓기에 성공한 새 여왕벌은 혼자 또는 여러 마리가 같이 이듬해 봄까지 겨울잠을 잡니다. 그리고 그해의 여왕벌과 일벌, 수벌은 모두 죽습니다.

말벌 무리와 비슷하게 생겼지만 체형이 더 가늘고 첫 번째 배마디가 자루처럼 잘록하여 구별됩니다. 독침이 있지만 말벌보다는 온순하고 벌집 크기도 작습니다. 외피 없이 소반으로만 되어 있는 점도 다릅니다.

우리나라에는 뱀허물쌍살벌, 큰뱀허물쌍살벌, 별쌍살벌, 어리별쌍살벌, 왕바다리, 제주왕바다리, 등검정쌍살벌, 두눈박이쌍살벌 등이 삽니다.

| 뱀허물쌍살벌 |

뱀허물쌍살벌 집 뱀의 허물처럼 집을 지어 붙
인 이름이다.

뱀허물쌍살벌 집

뱀허물쌍살벌 집

뱀허물쌍살벌의 크기를 짐작할 수 있다.

뱀허물쌍살벌 여왕벌이 첫 번째 집을 짓고 알을 낳았다.

뱀허물쌍살벌 여왕벌이 낳은 알

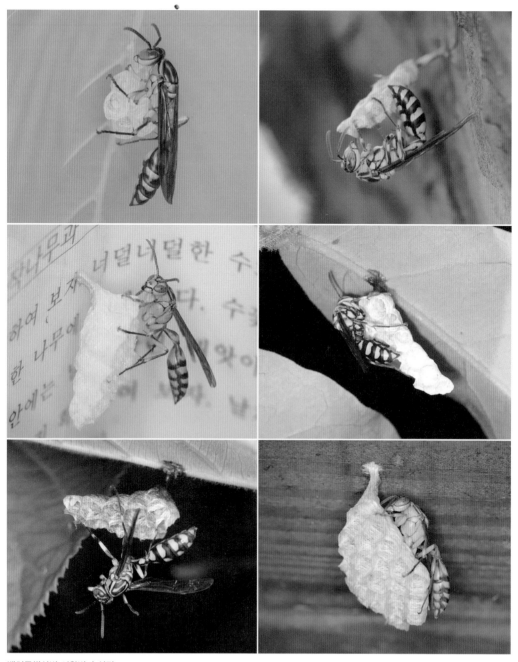

뱀허물쌍살벌 여왕벌과 산란

뱀허물쌍살벌 여왕벌과 산란

여왕벌

애벌레, 일벌(암벌)이 된다.

막 깨어난 애벌레

뱀허물쌍살벌 알

뱀허물쌍살벌 여왕벌이 낳은 알과 깨어난 애벌레가 보인다.

뱀허물쌍살벌 벌집 안의 알과 애벌레

애벌레에게 줄 경단을 만드는 뱀허물쌍살벌

뱀허물쌍살벌 성충은 꽃가루, 수액 등을 먹는다.

뱀허물쌍살벌 얼굴 이마방패에 펜촉 무늬가 뚜렷하다. 큰뱀허   큰뱀허물쌍살벌은 얼굴에 펜촉 무늬가 없다.
물쌍살벌은 이 무늬가 없다.

뱀허물쌍살벌 일벌(암컷)이 태어났다.

애벌레에게 먹일 경단을 물고 온 뱀허물쌍살벌 일벌

뱀허물쌍살벌 일벌 탄생

뱀허물쌍살벌 봉군의 변화

뱀허물쌍살벌 봉군의 변화 수컷이 태어나기 시작했다.

뱀허물쌍살벌 왼쪽 사진의 벌집이 한 달 뒤의 모습. 대부분의 벌들이 떠나고 수벌 2~3마리만 빈 벌집에 남아 있다.

뱀허물쌍살벌 수벌 수벌은 산란관이 없으므로 독침이 없다.

뱀허물쌍살벌 수벌 암벌과 달리 이마방패가 하얀색이다.

뱀허물쌍살벌 새 여왕벌이 모여 있다.

겨울잠을 준비 중인 뱀허물쌍살벌의 새 여왕벌

뱀허물쌍살벌 새 여왕벌 벌집을 떠나 겨울잠을 준비하고 있다.
10월 말에 보이기 시작한다.

큰뱀허물쌍살벌 집

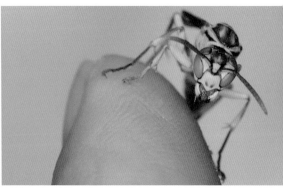

큰뱀허물쌍살벌 얼굴에 펜촉 무늬가 없는 것이 뱀허물쌍살벌과 구별된다.

큰뱀허물쌍살벌의 크기를 짐작할 수 있다.

큰뱀허물쌍살벌 여왕벌이 알집 위에서 알을 보호하고 있다.

큰뱀허물쌍살벌 여왕벌이 낳은 알

큰뱀허물쌍살벌 여왕벌이 낳은 알(위)과 알에서 깨어난 애벌레(아래)

큰뱀허물쌍살벌 여왕벌이 알을 낳고 집을 돌보고 있다.

큰뱀허물쌍살벌 집 아직 일벌이 태어나지 않았다.

큰뱀허물쌍살벌 집 일벌들이 태어났다.

큰뱀허물쌍살벌 일벌이 여왕벌이 낳은 알을 돌보고 있다.

큰뱀허물쌍살벌 여름이 되자 봉군이 커졌다.

큰뱀허물쌍살벌집 8월 말에 관찰한 모습이다.

큰뱀허물쌍살벌 빗물이 내려오는 빈 연통에 집을 지었다.

큰뱀허물쌍살벌 물이 고이자 일벌들이 열심히 물을 물어다 버린다.
더울 땐 날갯짓을 해 선풍기처럼 바람을 일으켜 애벌레들을 돌본다.

큰뱀허물쌍살벌 새 여왕벌들

큰뱀허물쌍살벌 새 여왕벌

큰뱀허물쌍살벌 새 여왕벌 겨울잠을 준비한다. 나무 틈새 같은 데서 함께 월동한다.

| 왕바다리 |

왕바다리는 쌍살벌아과에 속하는 우리나라 고유종입니다. 쌍살벌의 우리말 이름인 '바다리'를 간직하고 있어 친근한 벌이지요. 우리나라 쌍살벌 가운데 가장 큽니다. 말벌과 생활환이 비슷하며 애벌레는 육식성이지만 성충은 꽃꿀이나 꽃가루 등을 먹습니다. 말벌류에 비해 온순한 편이며 공격성이 덜하다고 합니다.

여왕벌이 집을 만들고 알을 낳은 후 그 알이 부화하여 일벌이 되기까지 살아남는 비율은 30퍼센트가 안 됩니다. 벌집 10개 중 여왕벌이 죽거나 이런저런 이유로 벌집 7개 이상이 중간에 없어진다고 합니다. 왕바다리의 수가 점차 줄어드는 이유입니다.

왕바다리 여왕벌이 산란하고 있다.

왕바다리 여왕벌의 컬링(curling) 자세 벌집의 온도를 높여 알과 애벌레의 성장을 촉진하는 효과가 있다.

왕바다리 여왕벌이 낳은 알

왕바다리 여왕벌은 방 하나를 만들 때마다 알을 하나씩 낳는다.

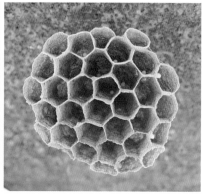

왕바다리 여왕벌의 컬링 자세   왕바다리 알   왕바다리 알과 애벌레

왕바다리 여왕벌이 알집을 돌보고 있다.   왕바다리가 새끼에게 먹일 애벌레를 경단으로 만들고 있다.

왕바다리 애벌레는 육식성이지만 성충은 꽃가루 등을 먹는다.   집을 수리하는 왕바다리 여왕벌

202

왕바다리 암컷 이마방패가 넓적한 오각형이다.

왕바다리 일벌이 태어났다.

왕바다리 일벌들의 수가 늘었다.

둥지를 돌보고 있는 왕바다리 일벌들

왕바다리 일벌들

여름에 본 왕바다리의 집

왕바다리 일벌(암컷)

왕바다리 일벌들이 돌보는 둥지 안에 알과 애벌레가 들어 있다.

왕바다리 일벌과 수벌 얼굴이 하얀 개체가 수벌이다.

왕바다리 수벌들 얼굴이 하얗다(동그라미 친 부분).

왕바다리 일벌(오른쪽)과 수벌(왼쪽)

왕바다리 수벌

왕바다리 짝짓기

둥지에 모여 있는 왕바다리 수벌들 곧 생을 마감한다.

왕바다리 수벌들

짝짓기에 성공한 왕바다리 새 여왕벌들이 빈 새 둥지에서 겨울
잠을 자고 있다.

겨울잠을 자는 왕바다리 새 여왕벌들

| 등검정쌍살벌 |

왕바다리와 비슷하게 생겼습니다. 워낙 생김새가 비슷하다 보니 둘을 구별하기가 참 힘듭니다. 여러 자료에서도 혼동되어 쓰이는 경우가 많습니다. 둘의 차이점을 정리해보면 다음과 같습니다.

왕바다리	등검정쌍살벌
수벌은 이마방패와 겹눈이 붙어 있다.	수벌은 이마방패와 겹눈이 떨어져 있다.
일벌의 이마방패는 넓적한 오각형으로 아래 선이 약간 안으로 들어간다.	일벌의 이마방패는 왕바다리보다 긴 오각형이며 아래 선이 거의 직선이다.
전신복절에 노란색 무늬가 있다.	전신복절에 무늬가 없고 검은색이다.
집은 우산 모양이다.	집은 편평한 모양이다.

이렇게 정리는 해도 막상 자연에서 보면 이름 불러주기가 만만치 않습니다. 게다가 모양과 색깔, 무늬가 항상 일정한 것이 아니라 두 가지 형질을 다 갖춘 개체도 있고 둘의 중간 정도 형질이 있는 개체도 있어 혼란스럽기는 마찬가지입니다. 좀 더 확실한 구별점을 찾기 전까진 위의 내용을 바탕으로 사진 몇 장을 올립니다.

등검정쌍살벌 집
왕바다리가 우산 모양이라면 이 벌은 편평한 모양이다.

등검정쌍살벌 집

등검정쌍살벌

| 별쌍살벌과 어리별쌍살벌, 참어리별쌍살벌 |

별쌍살벌과 어리별쌍살벌, 참어리별쌍살벌도 구별하기가 참 어려운 종입니다. 이마방패의 색, 다리의 색, 배마디의 줄무늬 색, 그리고 집의 모양 등을 종합적으로 참고해야 구별할 수 있다고 합니다.

어리별쌍살벌	별쌍살벌
별쌍살벌보다 더 크다.	어리별쌍살벌보다 조금 작다.
배마디의 무늬가 어두운 갈색이다.	배마디의 무늬가 밝은 색이다.
제4 배마디의 무늬가 다른 배마디와 같은 색이다.	제4 배마디의 무늬가 다른 마디의 무늬보다 밝은 색이며 거의 황색에 가깝다.
첫 번째 배마디에 노란색 줄, 제2,3,4,5 배마디에 갈색 또는 흑갈색의 줄무늬가 있다.	제1,3,4 배마디에 노란색 줄무늬가 있다.
벌집의 모양이 가운데 기둥을 중심으로 규칙적으로 커진다.	벌집의 모양이 가운데 기둥을 중심으로 한쪽으로 치우쳐 커진다.

그리고 참어리별쌍살벌은 제2,3,4 배마디 양옆에 노란색 점이 있으며 머리 가운데에 있는 이마방패가 암갈색이라고 합니다. 어리별쌍살벌의 이마방패 색은 노란색입니다. 어리별쌍살벌과 비슷하게 생겼지만 배에 있는 줄무늬가 모두 갈색인 개체도 종종 보이기도 합니다. 예전에 큰별쌍살벌이라는 국명으로 불렸으나 최근에는 'Polistes nipponensis(국명 없음)'으로 기재합니다. 쌍살벌에 대한 정리가 필요해 보입니다. 여기에서는 사진을 중심으로 몇몇 특징을 설명하는 것으로 대신합니다.

별쌍살벌 집 기둥을 중심으로 한쪽이 불규칙하게 커진다.

별쌍살벌 집

별쌍살벌 초기 집

별쌍살벌 집

별쌍살벌 배마디에 있는 무늬가 노란색이다.

별쌍살벌 수컷 이마방패가 연한 노란색이다. 멀리서 보면 하얗게
보인다.

별쌍살벌 수컷

별쌍살벌 암컷

배 윗면의 노란색 줄무늬가 넓은 개체도 보인다. 별쌍살벌인
듯하다.

별쌍살벌이 집 지을 재료를 뜯어가고 있다.

별쌍살벌의 크기를 짐작할 수 있다.

별쌍살벌 암컷 이마방패가 노란색이다.

별쌍살벌 여왕벌의 컬링 자세

별쌍살벌 여왕벌이 초기 집을 만들고 있다.

별쌍살벌 여왕벌이 알 낳은 것이 보인다.

별쌍살벌 여왕벌과 알

별쌍살벌이 낳은 알에서 애벌레가 부화했다.

별쌍살벌이 집을 돌보고 있다.

별쌍살벌 일벌(암컷)이 태어났다.

별쌍살벌 일벌들이 많아졌다.

별쌍살벌 일벌의 수가 점점 늘어난다.

별쌍살벌 집이 최대로 커졌다. 집은 더 이상 커지지 않고 여왕벌이 새 여왕벌과 수벌을 낳는 생식봉 생산기로 접어든다.

별쌍살벌 집 모두 암컷인 일벌들이다. 아직 수벌이 나오지 않은 시기다.

어리별쌍살벌 집

어리별쌍살벌 집 기둥을 중심으로 규칙적으로 커진다.

어리별쌍살벌 등에 있는 노란색 줄무늬가 서로 떨어졌고 이마
방패는 노란색이다.

어리별쌍살벌 이마방패가 노란색이다.

어리별쌍살벌 여왕벌과 초기 벌집

어리별쌍살벌 여왕벌과 초기 벌집

어리별쌍살벌 알

어리별쌍살벌 여왕벌이 알 낳은 것이 보인다.

어리별쌍살벌 여왕벌과 알

어리별쌍살벌 벌집 속에 알이 보인다.

어리별쌍살벌 애벌레가 태어났다.

어리별쌍살벌 여왕벌이 애벌레를 돌보고 있다.

알

애벌레

번데기 방

여왕벌

어리별쌍살벌 애벌레와 번데기 방

어리별쌍살벌 일벌들이 애벌레를 돌보고 있다.

어리별쌍살벌 수벌이 보인다(동그라미 친 부분). 얼굴이 하얀색 벌이 수벌이다.

참어리별쌍살벌 집과 성충

참어리별쌍살벌 이마방패가 적갈색이다.

참어리별쌍살벌 이마방패가 적갈색이
며 배 윗면 노란색 줄무늬가 끊어져 점
처럼 보인다.

쌍살벌류, *Polistes nipponensis*(국명 없음) 배 윗면 줄무늬가
전부 갈색이다.

쌍살벌류, *Polistes nipponensis*(국명 없음)

Polistes nipponensis(국명 없음) 어리별쌍살벌처럼 보이지만
배 윗면에 있는 줄무늬가 모두 갈색이다.

Polistes nipponensis(국명 없음)
위에 수컷도 보인다.

| 두눈박이쌍살벌 |

두눈박이쌍살벌은 우리나라 쌍살벌 가운데 체형이 가장 호리호리하고 길쭉합니다. 두 번째 배마디에 동그란 노란색 점이 2개 있어서 붙인 이름이지요. 보통 식물의 줄기에 집을 만드는데 높이 5~30센티미터로 낮은 곳에서 많이 보입니다.

활동 반경은 20미터 내외로 좁으며, 여왕벌이 지은 집에서 일벌이 태어나 봉군이 형성되기까지 보통 80퍼센트 정도가 도태된다고 알려졌습니다.

두눈박이쌍살벌 두 번째 배마디에 노란색 점 2개가 있다.

두눈박이쌍살벌 애벌레는 육식성이지만 성충은 꽃꿀 등을 먹는다.

두눈박이쌍살벌 성충이 꽃가루를 먹고 있다.

두눈박이쌍살벌 여왕벌이 만든 초기 집

두눈박이쌍살벌 여왕벌이 낳은 알이 보인다.

두눈박이쌍살벌 초기 집 낮은 곳에 많이 보인다.

두눈박이쌍살벌 방이 많이 늘어났지만 일벌은 아직 태어나지 않았다. 여왕벌 혼자 알 낳기, 육아를 담당한다.

두눈박이쌍살벌 집

두눈박이쌍살벌 일벌이 애벌레와 집을 돌본다.

두눈박이쌍살벌 몸길이는 16mm, 호리호리한 체형이다.

두눈박이쌍살벌 4~8월에 많이 보인다.

● 구멍벌과

우리나라에 사는 벌 가운데 중간 정도 크기 또는 큰 크기에 속하며, 단독생활을 하는 사냥 벌입니다. 보통 땅 구멍을 파서 애벌레가 살 집을 지어 붙인 이름입니다(모두가 굴을 파는 것은 아닙니다). 전신복절이 길며 제1 배마디와 제2 배마디 사이가 잘록하지 않습니다. 어떤 종은 배자루가 매우 긴 종도 있습니다.

암컷은 굴을 파거나 진흙으로 애벌레가 살 집을 짓고 그 안에 나비목 애벌레나 거미 또는 메뚜기 종류를 마취하여 넣고 그 몸에 알을 낳은 뒤 입구를 막습니다. 굴을 파는 종류에는 나나니가 있고 진흙으로 집을 짓는 종류에는 노랑점나나니가 있습니다. 특히 노랑점나나니는 거미를 전문적으로 사냥하는 벌입니다. 구멍을 파서 메뚜기 종류를 넣어두는 벌로는 홍다리조롱박벌이 있습니다.

홍다리조롱박벌 애벌레의 먹이로 메뚜기류를 사냥해 굴속에 넣는다. 성충은 꽃가루나 꿀을 먹는다.

| 나나니 |

구멍벌과에 속하는 단독생활을 하는 사냥 벌입니다. 땅에 구멍을 파서 집을 짓고 그 속에 나비목 애벌레를 마취하여 넣고 첫 번째 애벌레 몸에 알을 하나 낳은 뒤 입구를 막습니다. 암컷 한 마리가 보통 10개 정도의 집을 짓는다고 알려졌습니다. 구멍의 깊이는 대략 20센티미터이며 알 하나당 애벌레 4~5마리를 넣지만 큰 애벌레는 한 마리만 넣기도 합니다.

나나니는 그 넓은 곳에서 어떻게 자기가 만든 굴을 찾을까요? 해의 위치를 이용한다고 하니 그저 놀라울 뿐입니다. 하지만 항상 천적은 있는 법, 신기하게도 나나니는 다른 나나니에게 탁란을 당한다고 합니다. 탁란할 나나니는 집주인 나나니가 낳은 알을 없애고 그 자리에 자신의 알을 낳는 얌체 같은 짓을 합니다. 그런데 탁란을 한 나나니는 또 다른 나나니에게 탁란 기생을 당할 확률이 80퍼센트나 된다고 하니 놀라운 일입니다.

나나니에 대한 재미있는 이야기도 있습니다. "나나니가 다른 종류의 곤충을 물어와 땅에 묻고 나나나나~ 하며 주문을 외우면 자신과 같은 나나니 새끼로 변한다"는 내용입니다. 이 이야기는 조선 중종 때의 문신 기재企齋 신광한(申光漢, 1484~1555)의 『기재집企齋集』「과라화명령설蜾蠃化螟蛉說」에 나오는 이야기입니다. 제목이 재미있습니다. 과라蜾蠃는 '나나니'이고 명령螟蛉은 '배추벌레(배추흰나비 애벌레)'입니다. 그러니까 우리 식으로 제목을 붙이면 '배추벌레가 나나니로 변한 이야기'쯤 됩니다. 나나니가 굴에 다른 곤충을 묻고 분명히 입구를 흙으로 덮었는데 시간이 지나면 마법처럼 그 안에서 어미를 닮은 나나니가 나오는 것을 본 사람들이 생각해낸 이야기 같습니다.

나나나나 하고 주문을 외우는 소리는 분명 날갯짓 소리였을 것입니다. 어떤 사람은 주문의 내용이 "나 닮아라, 나 닮아라"였다고 구체적으로 말하기도 합니다. 영어권에서는 모래에 구멍을 파는 벌이라는 뜻으로 'sand wasp' 라고 합니다.

'나나니' 종류는 매우 많지만 정확하게 구별하기가 쉽지 않습니다. 여러 자료에서 같은 종을 다른 이름으로 사용하기도 하고 서로 상반된 주장을 펴기도 합니다. 특히 나나니와 꼬마나나니가 그렇습니다.

제2 배마디 윗면에 검은색 줄무늬가 있는 종을 '나나니' 또는 '꼬마나나니'라고도 하는데 이 책에서는 국가생물종지식정보시스템(http://www.nature. go.kr)과 '나나니', '일본나나니'는 꼬마나나니의 오동정이라는 자료(https:// stockist.tistory.com)에 따라 '꼬마나나니'로 기재합니다. 그리고 검은색 줄이 없고 제2 배마디만 붉은색인 개체를 '식크맨나나니'라고 표기합니다.

또한 두산백과 자료에 따라 '제1 배마디 등판 양옆과 뒷가두리, 제2 배마디 등판, 뒷다리의 넓적다리마디 밑부분이 황적색'인 나나니는 '왕나나니'로 표기합니다. 또 배자루에서 제2 배마디까지 주황색이며 날개 색이 여느 나나니보다 연한 개체는 '나나니류'라고 기재합니다. 자세한 설명 대신 사진을 중심으로 정리합니다.

꼬마나나니 배자루 2마디의 윗면에 검은색이 있어 다른 나나니류와 구별된다.

꼬마나나니 땅속 20cm 정도 깊이에 나비목 애벌레를 마취해 넣고 알을 낳은 뒤 입구를 돌로 막는다.

왕나나니의 짝짓기 수컷의 몸길이는 32∼35mm, 암컷의 몸길이는 29∼33mm이다.

왕나나니가 꽃에 앉아 있다. 원 안의 무늬가 여느 나나니류와 다르다.

나나니류가 애벌레 한 마리를 잡았다.

나나니류가 산란을 하는지 배를 구부리고 산란관을 애벌레 몸에 대고 있다. 산란이 맞다면 이 애벌레가 첫 번째 애벌레다. 보통 4∼5마리 넣는다고 한다.

미리 파 놓은 굴에 애벌레를 집어넣으려고 한다.

자신이 먼저 굴에 들어가서 애벌레를 끌어들이고 있다.

굴의 크기와 애벌레 굵기가 잘 맞는다.

애벌레가 굴속으로 끌려 들어간다.

애벌레를 넣은 뒤 나나니류가 굴에서 나오고 있다. 또 다른 애
벌레를 사냥하려는 것 같다.

나나니류의 집 크기를 짐작할 수 있다.

식크맨나나니 원 안의 무늬가 다르다.

식크맨나나니

식크맨나나니

보석나나니 날개돋이에 실패한 개체다.

보석나나니 몸은 검은색 또는 청람색이며 광택이 있다. 6~8월
에 많이 보인다.

| 노랑점나나니 |

구멍벌과에 속하는 벌로 전문적인 사냥 벌입니다. 나나니를 닮았는데 가슴 윗면에 노란색 점이 있어 붙인 이름이지요. 노랑점나나니는 여느 나나니들과 달리 마치 대모벌처럼 전문적인 거미 사냥꾼입니다.

원통형 진흙집 안에 보통 15~20마리의 거미를 마취하여 넣은 뒤 알을 하나 낳고 입구를 다시 진흙으로 막습니다. 어미가 넣어준 거미를 먹으면서 성장한 노랑점나나니 애벌레는 진흙집 안에서 번데기로 겨울을 난 뒤 이듬해 5~6월에 날개돋이를 합니다. 벽에 진흙을 바르는 벌이라는 뜻으로 영어권에서는 'mud-dauber wasp'라고 표기합니다.

몸길이는 14~22밀리미터, 가슴과 배를 이어주는 배자루는 마디 하나로 이루어졌으며 가느다란 실처럼 생겨서 금방 끊어질 것처럼 보이기도 합니다. 아주 정교한 위치에 알을 낳아야 하기 때문에 배자루가 그렇게 진화한 것 같습니다. 배에 독특한 줄무늬가 있어서 나나니들 중에 그나마 구별하기가 쉽습니다.

거미 전문 사냥꾼답게 여러 종류의 거미를 사냥하는데, 진흙집을 열면 깡충거미, 게거미, 닷거미 등이 보입니다. 가끔 거미줄을 뒤져 거미를 잡는 모습도 보이는데 노랑점나나니가 거미줄에 걸리지 않는 이유가 무엇인지 궁금합니다.

노랑점나나니 성충 전문적인 거미 사냥꾼이다.

노랑점나나니 흙집

노랑점나나니 흙집

노랑점나나니 흙집 내부

노랑점나나니 흙집 안에 마취된 거미가 잔뜩 있다.

노랑점나나니 애벌레

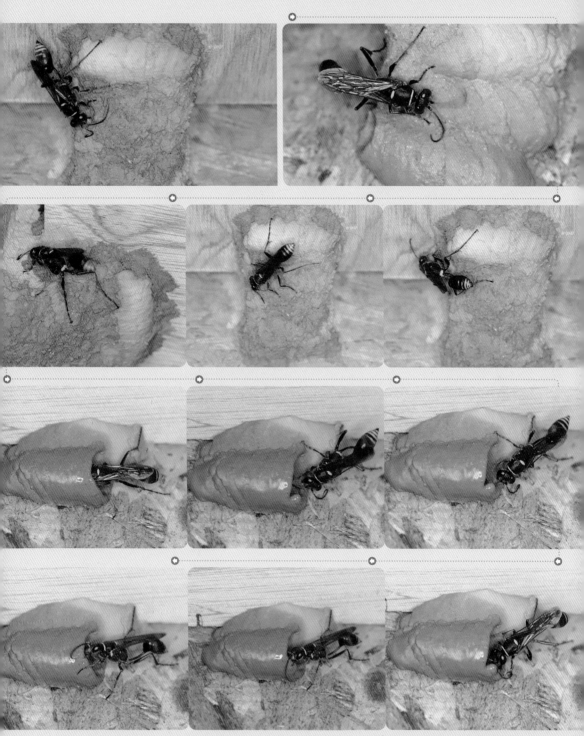

노랑점나나니의 흙집 만들기

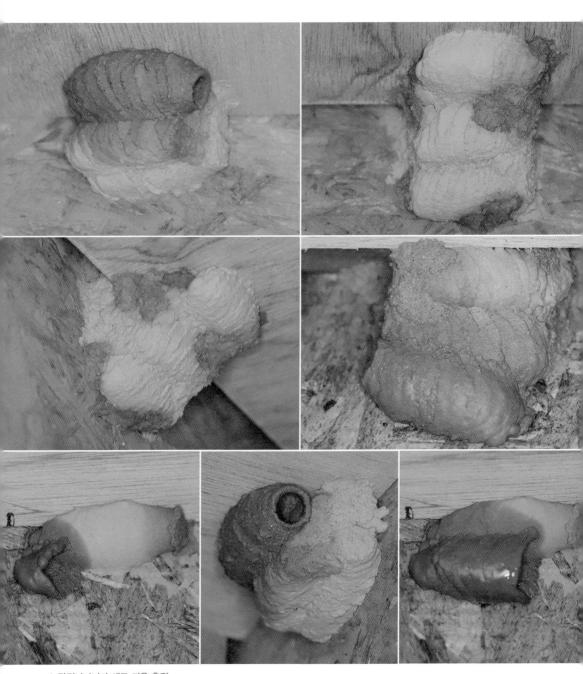

노랑점나나니가 새로 지은 흙집

애검은나나니 구멍벌과 노랑점나나니속의 벌로 몸길이는 20mm 내외다. 날개가 투명한 암갈색이다. 배자루가 검은색으로 배자루가 노란색인 애황나나니와 구별된다.

애검은나나니 진흙 경단을 만들어 집을 짓는다.

애검은나나니 진흙 경단을 만들고 있다.

애검은나나니 하천 주변의 진흙과 모래가 섞인 곳에서 만났다.

애검은나나니 진흙 경단 하나를 완성하고 있다.

애검은나나니 진흙 경단을 다 만들었다.

애검은나나니가 다 만든 진흙 경단을 보고 있다.

애검은나나니가 진흙 경단을 나르려고 배를 세워 앞다리로 잡고 턱으로 경단을 물었다.

애황나나니 배자루가 노란색인 것이 애검은나나니와 다르다. 몸길이는 18~21mm다. 색만 다를 뿐 애검은나나니와 생태 특성이 비슷하다.

주변에 있던 애황나나니 또는 애검은나나니 집으로 추정된다. 같은 속의 벌들처럼 거미를 사냥해 애벌레의 먹이로 한다.

나나니 종류로 추정되는 흙집을 열자 살깃염낭거미가 마취된 채로 나왔다. 주변에 비슷한 흙집이 많았는데 흙집 모두에 살깃염낭거미가 한 마리씩 들어 있었다.

나나니 종류 노랑점나나니 집보다 작다. 내부에 살깃염낭거미가 한 마리씩만 들어 있었다.

나나니 종류 애벌레가 살깃염낭거미를 먹고 있다.

살깃염낭거미를 먹고 있는 나나니 종류 애벌레 이름은 모르지만 참고용 자료로 싣는다.

| 코벌 |

구멍벌과의 벌로 한여름에 활동합니다. 암컷은 해안 모래 언덕에 구멍을 파고 그 안에 파리를 집어넣고 알을 낳습니다. 해안가에 밀려온 각종 바닷말류(해조류)나 사체에 모여 있는 파리를 사냥합니다. 물론 죽이지 않고 움직이지 못하게 마취만 한 것이지요. 둥지 하나에 수십 마리의 파리를 집어넣고 그 안에 알을 하나만 낳습니다.

구멍의 깊이는 보통 30센티미터 정도로, 한여름 뜨거운 모래밭의 표면과는 달리 습기와 온도가 적당히 유지되어 알이 상하지 않고 부화하기에 좋은 조건입니다. 약 2주 정도의 애벌레 시기를 거친 후 번데기가 되고 번데기 상태로 겨울을 납니다. 그리고 이듬해 여름에 성충으로 날개돋이를 합니다.

대만어리코벌 앞서 둥지에서 떠날 때 남긴 페로몬을 더듬이로 맡아 둥지를 찾는다고 한다.

대만어리코벌이 둥지를 찾아 들어가고 있다.

대만어리코벌

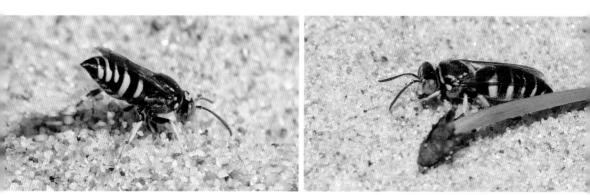

대만어리코벌 날개는 투명하며 검은색이다. 더듬이를 아래로 향해 둥지를 찾는다.

대만어리코벌 한여름에 활동하는 벌로 몸길이는 8mm 정도다.

● 꿀벌과

벌아목의 한 과로 양봉꿀벌, 재래꿀벌, 호박벌, 뒤영벌 등이 속해 있습니다. 보통 뒷다리의 종아리마디에 꽃가루 수정장치(보통 꽃가루주머니 또는 꽃가루 바구니라고 함)가 있습니다.

우리나라에서 원래부터 살던 종은 재래꿀벌이고, 서양에서 들여온 종을 양봉꿀벌이라고 합니다. 둘은 생김새, 습성 등 여러 가지 점에서 다릅니다. 가축처럼 단순한 품종의 차이가 아닌 완전히 다른 종입니다.

| 양봉꿀벌 |

알에서 깨어난 꿀벌 애벌레들은 처음 3일간은 로열젤리를 먹으면서 성장합니다. 이 시기가 지나면 일벌이 될 애벌레는 일벌들이 제공하는 꿀과 꽃가루만 먹습니다.

여왕벌이 될 애벌레는 계속 로열젤리만 먹고 자라며 성충이 되어서도 평생 먹습니다. 이 때문에 덩치도 두 배 이상 크고 수명도 일벌보다 40배나 깁니다. 여왕벌의 수명은 3~5년이며 최대 8년까지라고 합니다. 반면 일벌 가운데 봄과 여름에 태어난 벌은 1개월 정도, 가을에 태어난 벌은 수개월 정도라고 합니다.

로열젤리는 일벌이 만듭니다. 일벌은 꿀과 꽃가루를 주식으로 하며, 이때 소화 흡수된 영양소가 혈관을 통해 머리에 있는 인두선咽頭腺에 운반되어 로열젤리로 저장됩니다. 이것을 입을 통해 처음 3일간은 일벌의 애벌레에게 그리고 여왕벌에게는 평생 제공합니다.

보통 여왕벌 10~20마리가 탄생하지만 여왕벌끼리 치열한 싸움을 거쳐 한 마리만 남게 됩니다. 심지어 먼저 태어난 여왕벌이 나머지 여왕벌이 될 고치를 물어뜯어 죽이기도 한다고 합니다. 새 여왕벌은 지상 10미터 정도 높이에서 다른 벌통에서 나온 수많은 수벌들과 며칠 동안 여러 번 짝짓기를 해 정자를 저정낭에 가득 채웁니다. 짝짓기 후 수벌은 죽습니다.

날씨와 여건에 따라 산란 수가 달라지겠지만 여왕벌은 보통 하루에 2,500개 정도의 알을 낳는다고 알려졌습니다.

양봉꿀벌 일벌들이 열심히 꽃가루를 모으고 있다.

양봉꿀벌의 벌통 내부

양봉꿀벌의 꽃가루바구니

양봉꿀벌의 꽃가루바구니는 뒷다리의 종아리마디에 있다.

양봉꿀벌 꽃가루바구니를 아직 채우지 못했다.

양봉꿀벌

양봉꿀벌 일벌이 꽃가루를 얻기 위해 꽃을 향해 날고 있다. 이미 다리에 꽃가루주머니가 그득하다.

양봉꿀벌 꽃가루바구니가 그득하다.

몸길이는 12밀리미터 정도로 양봉꿀벌보다 색이 진합니다. 죽은 나무 속이
나 바위 틈, 굴속 등에 수직으로 집을 짓고 사는 사회성 벌입니다. 양봉꿀벌
에 비해 꿀의 생산량은 적지만 추위에 더 강하며 장수말벌 등 말벌류의 침입
에 속수무책인 양봉꿀벌과 달리 일벌들이 힘을 합쳐 저항하기도 한다고 알려
졌습니다.

재래꿀벌의 집 나무속이나 바위 틈새 등에 짓는다.

재래꿀벌 토종꿀벌, 동양꿀벌이라고도 한다.
영어권에서는 Eastern honey bee라고 한다.

꽃가루비구니가 그득한 재래꿀벌 일벌

| 호박벌 |

호박벌과 어리호박벌은 이름에서 같은 집안이라고 생각하겠지만 집안이 다르고 생태 또한 다릅니다. 호박벌은 나무 구멍이나 땅속에 밀랍으로 집을 지어 사회생활을 하지만, 어리호박벌은 나무에 구멍을 뚫어 산란하며 단독생활을 합니다.

호박벌은 뒤영벌과 같은 뒤영벌속의 꿀벌과이지만 생활환은 말벌류와 비슷합니다. 겨울잠에서 깨어난 여왕벌은 나무 구멍이나 설치류의 빈집 등에 집을 짓고 꽃가루를 모으며 알을 여러 개 낳습니다. 이 알에서 일벌들이 태어나는데 모두 암컷입니다. 일벌의 수가 많으면 봉군도 커집니다. 그러다 가을쯤 여왕벌은 더 이상 일벌들을 생산하지 않고 새 여왕벌과 수벌들만 생산합니다. 짝짓기 후 새 여왕벌만 겨울잠을 자고 나머지 벌들, 그러니까 그해 여왕벌, 일벌, 수벌들은 모두 죽습니다.

호박벌 여왕벌은 수벌 한 마리와 짝짓기를 한 후 저정낭에 정자를 보관한 상태로 월동합니다. 이후 수정된 상태로 알을 낳으면 암벌이 되고 미수정 상태로 알을 낳으면 수벌이 됩니다.

| 어리호박벌 |

어리호박벌속의 어리호박벌은 딱따구리처럼 나무에 구멍을 뚫어 알을 낳으며 단독생활합니다. 이 때문에 영어권에서는 '목수벌capenter bee'이라고 합니다. 집의 출입구는 하나이지만 안은 여러 개의 터널로 연결됩니다. 터널 안에 애벌레가 살 방을 만들고, 꽃가루와 꿀을 섞어 경단 모양으로 저장한 뒤 그곳에 알을 낳습니다. 방은 하나가 아니라 격벽을 여러 개 만들어 서로 분리해 놓습니다.

| 뒤영벌 |

뒤영벌속의 뒤영벌은 예전에는 '뒝벌'이라고 불렸으며 한자권에서는 곰처럼 보인다고 해서 '웅봉熊蜂'이라고 합니다. 영어권에서는 윙윙거리며 활동성이 높은 벌이라는 의미로 'bumble bee'라고 한답니다. 호박벌, 어리호박벌, 뒤영벌, 좀뒤영벌, 우수리뒤영벌 등 비슷한 종이 많습니다. 그리고 수벌과 암벌, 여왕벌의 크기나 색이 달라 동정할 때 세심하게 주의해야 합니다.

호박벌 암컷 꽃가루를 저장해 새끼를 키운다.

호박벌 암컷

겨울잠을 마치고 나오는 호박벌 여왕벌이다.

호박벌 여왕벌은 나무 구멍이나 틈새 등에서 겨울잠을 잔다.

호박벌 수컷 암컷과 달리 황색 털이 많다.

호박벌 수컷 좀뒤영벌 수컷과 비슷하지만 배 뒤쪽 무늬가 다르다.

호박벌 수컷 암컷처럼 배 뒤쪽은 적갈색 털로 덮여 있다.

호박벌 혀 벌의 입틀은 씹는 큰턱과 핥는 혀로 되어 있다.

어리호박벌 암컷 이마방패가 검은색이면 암컷, 노란색이 보이
면 수컷이다.

어리호박벌 암컷

어리호박벌의 크기를 짐작할 수 있다.

어리호박벌 호박벌은 꿀벌과 뒤영벌속이지만 어리호박벌은 꿀벌
과 어리호박벌속이다.

어리호박벌 봄에 보이는 여왕벌이다.

어리호박벌 꽃꿀과 꽃가루를 먹는다.

어리호박벌이 오래된 나무 현판에 구멍을 뚫고 있다.

어리호박벌 구멍을 뚫은 후 꽃가루를 저장한 다음 알을 낳는다.
그 후 입구를 진흙으로 막고 어미는 떠난다. 알에서 깨어난 애벌
레는 구멍 속에서 번데기까지 된 후 스스로 입구를 뚫고 나온다.

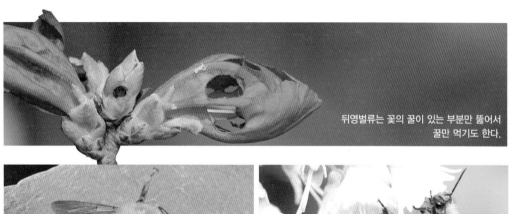

뒤영벌류는 꽃의 꿀이 있는 부분만 뚫어서 꿀만 먹기도 한다.

좀뒤영벌 수컷 호박벌 수컷과 비슷하지만 배 뒤의 무늬가 다르다.

좀뒤영벌 수컷 5~8월에 보인다.

좀뒤영벌 수컷의 크기를 짐작할 수 있다.

좀뒤영벌 암컷 호박벌 암컷과 비슷하게 생겼지만 더 작다. 몸길이는 14~16mm다.

좀뒤영벌 혀가 보인다.

좀뒤영벌 수컷 혀가 상당히 길다.

삽포로뒤영벌 서양뒤영벌과 비슷하지만 배 뒷부분에 흰색이 없다.

우수리뒤영벌 몸길이는 20mm 내외로 4~9월에 보인다.

우수리뒤영벌 혀가 독특하게 생겼다.

우수리뒤영벌 몸에 털이 많다.

우수리좀뒤영벌 배 뒤에 검은색 줄무늬가 뚜렷하다.

● **가위벌과**

가위벌과의 가위벌이 잎을 오려서 집을 짓기 때문에 붙인 이름입니다. 가위 벌이 오려낸 잎을 보면 마치 가위로 오린 듯 아주 깨끗합니다. 이 때문에 영 어권에서는 'leafcutter'라고 합니다. 꿀벌과 비슷하게 생겼지만 꿀벌에게 있는 꽃가루바구니(뒷다리 종아리마디에 있으며 꽃가루주머니, 꽃가루솔이라고도 함)가 없습니다. 가위벌은 꽃가루 모으는 곳이 암컷의 배 윗면에 있습니다.

　보통 나무 구멍이나 돌담의 틈, 오래된 수도시설 같은 구조물 등에 골무처 럼 생긴 집을 짓습니다. 심지어 잎말이나방 애벌레가 말아놓은 잎을 사용하 기도 합니다. 그리고 꽃가루를 모아 저장한 뒤 알을 낳습니다. 입구는 다시 잎을 오려 막고요.

　하지만 모든 가위벌이 이러한 습성을 지닌 것은 아닙니다. 왕가위벌은 송진 을 이용해 집을 짓고, 홍배뾰족가위벌은 다른 가위벌의 집에 알을 낳는다고 알 려졌습니다. 물론 알을 낳기 전에 집주인 가위벌이 낳은 알은 먹어 치웁니다.

가위벌이 오린 잎　　　　　　　　　　　　　　　　　　　　　가위벌 종류

가위벌 종류

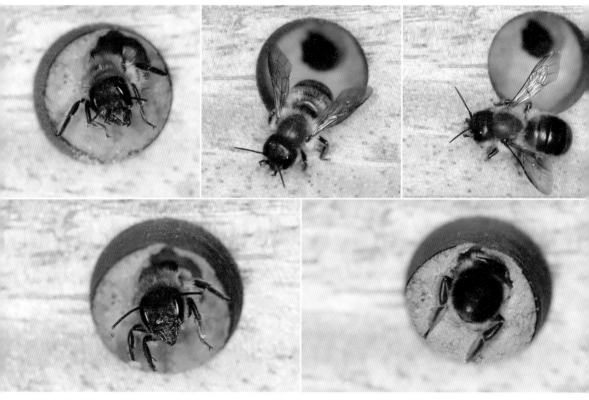

머리뿔가위벌

머리뿔가위벌 암컷

머리뿔가위벌 수컷

왕가위벌 몸길이는 암컷 22~25mm, 수컷 16~18mm이다.

왕가위벌 암컷 몸은 전체적으로 검은색이며 대형 가위벌이다. 암수 색이 다르다. 익모초 꿀을 먹고 있다.

왕가위벌 8~9월에 많이 보이며 보통 하늘소가 뚫어 놓은 묵은 구멍에 집을 만든다고 알려졌다.

왕가위벌 가는 나무줄기에 집을 만든다. 하늘소가 뚫은 굴이 아닌 직접 뚫은 것으로 보인다. 여느 가위벌과와는 달리 잎 대신 송진으로 굴 내부를 바르고 산란 후에는 송진으로 밀봉하는 등 계속 육아실을 만든다고 한다.

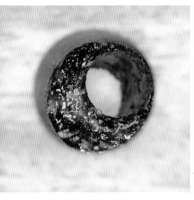

송진으로 막아 놓은 왕가위벌 집 입구

송진으로 육아방의 중간을 막고, 다시 겉을(밖에서 보이는 입구) 진흙으로 막는 작업을 한다.

입구를 꼼꼼히 진흙으로 막고 있다.

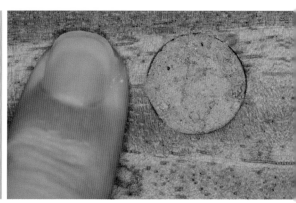

입구를 진흙으로 다 막았다.

왕가위벌 육아방 입구의 크기를 짐작할 수 있다.

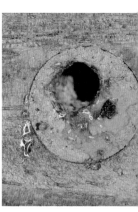

홍배뾰족가위벌 몸길이 10~19mm로 성충은 주로 8~9월에 보인다. 배의 뒷부분이 붉은색이어서 붙인 이름이다.

홍배뾰족가위벌 왕가위벌이 만든 집을 뚫고 들어가 왕가위벌이 낳은 알이나 애벌레를 죽인 뒤 자신의 알을 낳는다고 한다.

홍배뾰족가위벌이 끄집어내서 죽인 왕가위벌 애벌레

홍배뾰족가위벌이 부순 왕가위벌 애벌레 둥지

● 꽃벌 무리

꽃에 모이는 벌을 뭉뚱그려 '꽃벌'이라 하지만 모양과 색, 생태 습성 등이 아주 다양한 벌 종류입니다.

구리꼬마꽃벌(꿀벌과)

구리꼬마꽃벌 몸길이는 8mm 정도로 암컷은 구릿빛 광택이 강하다.

긴얼굴애꽃벌(꿀벌과 또는 애꽃벌과로 분류)

긴얼굴애꽃벌 큰턱과 혀가 독특하게 생겼다.

긴얼굴애꽃벌 옆면 얼굴이 길어서 붙인 이름이다.

긴얼굴애꽃벌 옆모습 몸에 부드러운 황백색 털이 나 있다. 주로 5월에 많이 보인다.

긴얼굴애꽃벌 아침에 나무 난간에 앉아 계속 내밀었다 닫았다 하는 행동을 한다.

꼬마알락꽃벌(꿀벌과) 몸길이는 10mm 정도로 가슴에 줄무늬가 있다.

루리알락꽃벌(꿀벌과)

루리알락꽃벌 푸른색이 아름답다. 몸길이는 15mm 정도다.

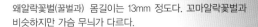

왜알락꽃벌(꿀벌과) 몸길이는 13mm 정도. 꼬마알락꽃벌과
비슷하지만 가슴 무늬가 다르다.

일본광채꽃벌(꿀벌과)

일본광채꽃벌 몸길이는 8mm 정도. 썩은 나무나 나무줄기에 집
을 짓는다.

일본광채꽃벌 이마방패 아래쪽이 노란색이지만 무늬는 변이가
심하다.

일본광채꽃벌 이마방패 무늬가 왼쪽 사진과 다르다.

털보애꽃벌(꿀벌과) 몸에 털이 많다. 다리에도 황백색 털이 많다. 몸길이는 13mm 정도로 8월에 자주 보인다.

홍배꼬마꽃벌(꼬마꽃벌과) 몸길이는 8~12mm, 배마디가 뒤를 제외하고 붉은색이다.

흰털허리알락꽃벌(꿀벌과) 머리와 가슴에 흰색 털이 많다.

이른 봄에 자주 보이는 꽃벌이 있습니다. 땅에 개미처럼 굴을 파고 생활하는 꽃벌이지요. 뒷다리의 종아리마디에 있는 꽃가루주머니(꽃가루솔)에 잔뜩 꽃가루를 품고 굴로 들어가는 모습이 종종 보입니다. 굴 입구에서 짝짓기하는 모습도 보이고요. 굴속에 꽃가루를 저장하고 알을 낳는 것으로 보입니다.

꽃벌류

| 수염줄벌 |

꿀벌과에 속하며 몸길이는 15밀리미터 정도입니다. 주로 4~6월 무렵 꽃에서 많이 보입니다. 수컷의 더듬이가 아주 길어 눈에 잘 띄죠. 머리, 가슴, 배의 아랫부분 그리고 다리에도 털이 많습니다. 다양한 수염줄벌이 있으며 여기에서는 수염줄벌류라고 이름표를 달고 사진으로 설명을 대신합니다.

수염줄벌류

청줄벌 몸길이는 14mm 정도로 날개에 비해 몸이 통통하고 8~9월에 활동한다.

청줄벌 암컷 이마방패에 황백색 무늬가 나타난다. 수컷은 이 부분이 검은색이며 제5 배마디에 청록색 띠무늬가 있다.

| 청줄벌 |

꿀벌과에 속하는 단독생활을 하는 벌로 새끼들에게 먹일 꽃가루를 모아 저장합니다. 알을 낳은 후 새끼는 돌보지 않습니다.

● 개미(개미과)

곤충강 벌목 개미과에 속하는 종을 모두 일컬어 개미라고 합니다. 이름이 비슷한 흰개미와는 전혀 다른 분류군이죠. 흰개미는 바퀴목 흰개미아목에 속하며 배자루마디가 없고 더듬이도 염주 모양입니다. 그리고 결정적으로 흰개미는 번데기를 만들지 않는 외시류에 속합니다. 개미는 당연히 번데기를 만드는 내시류이고요.

개미 하면 가장 먼저 잘록한 허리를 떠올릴 것입니다. 이 부분을 '배자루마디'라고 하는데 제1 배자루마디와 제2 배자루마디로 이루어졌습니다. 땅이나 나무에 구멍을 뚫고 살면서 좁은 통로를 이동해야 하는 개미들에게는 최

적화된 몸 구조이지요.

개미는 개미산이라는 특수한 물질을 분비하여 공격용이나 방어용으로 쓰기도 하지만, 동료들과 여러 가지 정보를 나누는 데도 사용합니다. 개미는 뒷가슴에 있는 뒷가슴샘이 발달되어 이곳에서 페로몬과 함께 여러 가지 항진물질을 분비합니다.

개미는 대표적인 사회성 곤충으로 보통 여왕개미, 수개미, 일개미로 나뉩니다.

| 여왕개미 |

산란을 담당하는 생식 개미로, 짝짓기 시기에는 날개를 달고 있지만 짝짓기가 끝나면 날개를 떼고 산란에만 전념합니다. 가슴, 특히 가운데가슴등판이 뚜렷하게 발달했으며 가슴에 날개를 뗀 자국인 탈시흔脫翅痕이 보입니다. 여왕개미는 수개미 여러 마리와 짝짓기를 한 후 정자를 저정낭에 보관하고 평생 알을 낳을 때마다 사용합니다. 수정해서 낳은 알에서는 암컷이 나오고 미수정란에서는 수컷이 나옵니다.

| 수개미 |

짝짓기 시기에 잠깐 보이는 개미로 개미 집단 중 유일하게 수컷입니다. 날개가 있고 가슴이 발달했습니다. 여왕개미와는 머리와 배 부분으로 구별이 가능한데 여왕개미에 비해 이 부분이 왜소합니다. 여왕개미와 짝짓기한 뒤 개미 집단으로 다시 돌아오지 못하고 죽습니다.

| 일개미 |

개미 집단 가운데 가장 수가 많으며 모두 암컷입니다. 먹이 사냥, 둥지 넓히기, 애벌레 돌보기, 쓰레기 처리 등 개미 집단의 거의 모든 일을 담당합니다. 날개는 퇴화했으며 가슴도 여왕개미나 수개미보다 작습니다.

대형 일개미를 보통 병정개미라고 부르며 개미 집단을 방어하거나 먹이 사냥 및 먹이 해체 등을 담당합니다. 소형 일개미는 우리가 보통 일개미라고 부르는 개체입니다.

일본왕개미 수개미 여왕개미보다 날씬하다.

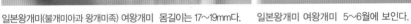

일본왕개미(불개미아과 왕개미족) 여왕개미 몸길이는 17~19mm다. 일본왕개미 여왕개미 5~6월에 보인다.

일본왕개미 이마방패 앞면 가장자리가 파여 있으면 흑색패인 일본왕개미 결혼 비행을 준비한다.
왕개미, 그렇지 않으면 일본왕개미다.

일본왕개미 병정개미(왼쪽)와 일개미(오른쪽) 일본왕개미 일개미가 꽃매미 사체를 물고 있다.

일본왕개미 알과 고치 일본왕개미가 먹이를 분해하고 있다. 머리가 큰 개미가 병정개미다.

흑색패인왕개미(불개미아과 왕개미족) 여왕개미다. 일본왕개미
보다 광택이 강하며 배마디의 금색 털이 성글다.

흑색패인왕개미 여왕개미 몸길이는 17mm 정도로, 날개를 뗀 흔
적(탈시흔)이 보인다.

흑색패인왕개미 날개를 떼고 나면 본격적으로 알을 낳기 시작
한다.

흑색패인왕개미 여왕개미와 일개미

흑색패인왕개미 수개미가 결혼 비행을 준비하고 있다.

흑색패인왕개미 수개미와 일개미

흑색패인왕개미 대형 일개미(병정개미), 소형 일개미들

한국홍가슴개미(불개미아과 왕개미족) 여왕개미다.

한국홍가슴개미 여왕개미 일본왕개미와 더불어 우리나라에서 가장 큰 개미다.

한국홍가슴개미 일개미 가슴은 붉은색이며 배 윗면에 금색 털이 많다.

한국홍가슴개미 소형 일개미 몸길이는 7∼8mm다.

한국홍가슴개미 일개미가 먹이를 물고 간다.

한국홍가슴개미 일개미들

한국홍가슴개미가 맵시벌류를 사냥하고 있다.

갈색발왕개미(불개미아과 왕개미족) 여왕개미

갈색발왕개미 여왕개미 다리는 노란색 또는 갈색이다. 몸길이
는 15~27mm다.

갈색발왕개미 일개미 다리가 노란색인 개체도 있다.

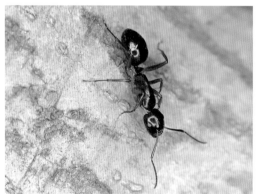

갈색발왕개미 일개미 야행성 개미다.

갈색발왕개미 여왕개미와 일개미

가시개미(불개미아과 왕개미족) 앞가슴등판, 가운데가슴, 앞 배마디, 배자루 마디에 각각 가시가 한 쌍씩 있다.

가시개미 여왕개미 몸길이는 10mm 정도다.

가시개미 여왕개미 몸 전체가 광택이 강한 검은색이며 배자루마디만 붉은색이다.

가시개미 군체 나무나 돌 틈에 집을 만든다.

가시개미 일개미 몸길이는 7~8mm다.

가시개미 일본왕개미 등 왕개미속 개미에 기생하는 일시적 사회성 기생개미다.

이토왕개미(불개미아과 왕개미족)

이토왕개미 여왕개미와 일개미 우리나라에 사는 왕개미속 중 가장 크기가 작다.

이토왕개미 몸길이는 여왕개미 7~8mm, 소형 일개미 3~5mm다.

이토왕개미 일개미들 나무나 돌 틈에 집을 짓는다.

이토왕개미 수개미와 일개미

264

곰개미(불개미아과 불개미족)

곰개미 일개미 몸길이는 5～9mm다.

곰개미 굴

곰개미 일개미가 굴에서 나오고 있다.

곰개미 전국에 널리 살며 매우 흔한 종이다.

곰개미가 지렁이를 분해하고 있다.

곰개미가 각다귀를 물고 간다.

곰개미 배는 둥글고 잔털이 빽빽해 광택이 적다.

곰개미가 진딧물을 보호하고 있다. 보호의 대가로 단물을 받아먹는다.

곰개미 여왕개미 몸길이는 8~11mm, 날개 뗀 흔적이 보인다.

곰개미가 각다귀의 머리를 자르고 있다.

누운털개미(불개미아과 털개미족) 몸길이는 8~10mm, 여왕개미는 우리나라 털개미속 가운데 가장 크다.

누운털개미 수개미 8~10월 초에 결혼 비행이 이루어진다. 여왕개미와 수개미는 불빛에 잘 모인다.

누운털개미 짝짓기 후 날개를 뗀 모습

고동털개미(불개미아과 털개미족)

고동털개미 일개미 몸길이는 2.5~4mm다.

민냄새개미(불개미아과 털개미족) 몸길이는 4~5mm다.

일본침개미(침개미아과 침개미족) 우리나라 침개미 중 가장 크다. 여왕개미다. 몸길이는 9∼10mm다.

일본침개미의 크기를 짐작할 수 있다.

일본침개미 배 끝에 독침이 길고 날카로워 쏘이면 매우 아프다.

일본침개미 전국에 서식하며 도심이나 산지 공원 등에서 자주 보이며 썩은 나무 속에 집을 짓는다.

스미드개미(불개미아과 털개미족) 몸길이는 2.3mm 내외다. 머리와 배는 갈색이고 가슴은 노란색이며 온몸에 긴 털이 많다. 배는 물방울 모양이며 썩은 나무속이나 낙엽 아래 등에 집을 만든다.

마쓰무라꼬리치레개미(두마디개미아과 꼬리치레개미족)
일개미 몸길이는 2~4mm다.

마쓰무라꼬리치레개미 여왕개미 몸길이는 7mm 정도다. 아직
날개를 떼지 않았다.

마쓰무라꼬리치레개미 여왕개미 짝짓기 후 날개를 뗀 모습이다.

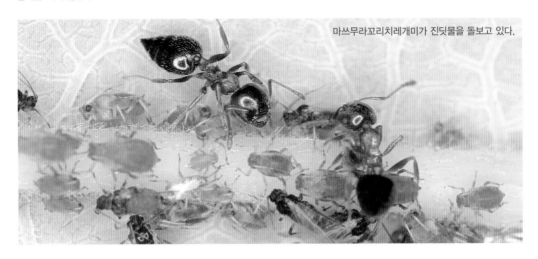

마쓰무라꼬리치레개미가 진딧물을 돌보고 있다.

검정꼬리치레개미(두마디개미아과 꼬리치레개미족) 일개미다.

검정꼬리치레개미　몸길이는 2.5~4mm다.

검정꼬리치레개미

주름개미(두마디개미아과 꼬리치레개미족) 여왕개미 몸길이는 7mm 정도다.

주름개미 여왕개미와 일개미

주름개미 일개미 몸길이는 3mm 정도다.

주름개미 일개미와 애벌레 일개미가 애벌레를 물고 옮기고 있다.

주름개미 일개미와 알. 애벌레. 번데기

주름개미(여왕개미 애벌레)

그물등개미(두마디개미아과 꼬리치레개미족) 몸길이는 약 2.5mm 정도다. 배에 털이 없고 광택이 강하다.

그물등개미 동남아시아에 널리 분포하는 남방계 개미이지만 우리나라 전역에 산다. 여왕개미가 없다.

극동혹개미(두마디개미아과 비늘개미족)

극동혹개미 대형 일개미(병정개미, 3〜3.5mm)와 소형 일개미 (2mm)가 뚜렷하게 구별된다.

병정개미

극동혹개미 군체

극동혹개미 알과 번데기, 일개미

16
밑들이목

곤충강 유시아강 신시류 내시류에 속하는 밑들이는 배 밑이 들려 있다고 해서 붙인 이름입니다. 수컷들은 마치 전갈처럼 배를 위로 들어 올려 집게 같은 부속지를 말아 세우는데 그 모습에서 따온 이름입니다. 이 때문에 영어권에서는 'scorpion(전갈) fly'라고 합니다.

머리가 작고 겹눈이 튀어나와 있습니다. 주둥이는 새 부리처럼 길고 끝에 씹어 먹기 좋은 입틀(구기)이 있습니다. 수컷은 배 끝에 전갈 꼬리 모양의 외부 생식기가 튀어나왔고, 대부분 그 끝을 위로 말아 치켜드는 습성이 있습니다. 성충은 작은 곤충을 잡아먹거나 죽은 곤충의 체액이나 여러 가지 식물질을 먹는 잡식성으로 알려졌고, 애벌레는 습한 땅속이나 표면에서 죽은 곤충 등을 먹습니다.

밑들이는 특이한 구애행동을 하는 곤충입니다. 수컷이 암컷에게 먹이를 선물로 주고 암컷이 그 먹이를 먹는 동안 짝짓기가 이루어진다고 합니다. 우리나라에 10여 종 이상이 산다고 알려졌는데 사진만으로 구별하기가 쉽지 않습니다.

2018년 「국가생물종목록」에 따르면, 우리나라에 사는 밑들이는 밑들이, 참밑들이, 아무르밑들이, 금강산밑들이, 강원높은산밑들이, 동양밑들이, 시베리아밑들이, 참모시밑들이, 모시밑들이 등이 기록되어 있고, 그 밖에 제주밑들이도 있습니다.

그런데 자료나 도감을 찾아보면 이 이름들이 혼용되어 쓰이고 있습니다. 국명 없이 학명으로만 게재되어 있는 자료도 많고요. 같은 이름이라도 완전히 다른 사진 자료도 꽤 많이 보입니다. 아직 우리나라 밑들이에 대한 자세한 분류가 이루어지지 않은 것 같습니다. 여기에서는 여러 가지 자료를 참고해 이름을 달았습니다. 오류가 있을지도 모르지만 참고용으로 올립니다.

| 밑들이목 | 밑들이과 | 밑들이, 참밑들이, 아무르밑들이, 금강산밑들이, 강원높은산밑들이, 동양밑들이, 시베리아밑들이, 제주밑들이 등 |
| | 모시밑들이과 | 모시밑들이, 참모시밑들이 |

● 밑들이과

밑들이류 *Panorpa fulvicaudaria* Miyake, 1913. 국명은 아직 없다.

밑들이류 *Panorpa fulvicaudaria* Miyake, 1913. 모시밑들이나 밑들이로 표기한 자료도 있다. 이 종의 특징은 주둥이가 갈색이다. 모시밑들이는 속이 달라 주둥이가 이렇게 길지 않고 밑들이는 주둥이가 검은색이다.(05. 22.)

밑들이류 *Panorpa fulvicaudaria* Miyake, 1913. 몸길이는 12~16mm다. 배 끝에 전갈 같은 부속지가 있는 수컷이다.(05. 25.)

밑들이류 *Panorpa fulvicaudaria* Miyake, 1913. 더듬이가 검은 색이고 다리는 연한 회색이 도는 미색이다. 날개도 비슷한 색이며 가로 띠무늬가 나타난다.(05. 12.)

밑들이류 *Panorpa fulvicaudaria* Miyake, 1913. 새 부리처럼 생긴 긴 갈색 주둥이가 뚜렷하게 보인다.(05.25.)

밑들이류 *Panorpa fulvicaudaria* Miyake, 1913. 암컷은 배 끝이 말려 있지 않다.(05. 21.)

밑들이류 *Panorpa fulvicaudaria* Miyake, 1913. 옆에서 본 모습. 독특하게 생겼다. 긴 주둥이 끝에 씹어 먹는 입틀이 있다. 작은 곤충을 잡아먹기도 하고 식물도 먹는 등 잡식성이다.(05. 12.)

밑들이류 *Panorpa fulvicaudaria* Miyake, 1913. 뒷날개에도
가로 띠무늬가 있다. 수컷이다.(05. 24.)

밑들이류 *Panorpa fulvicaudaria* Miyake, 1913. 수컷 배 끝이 전
갈처럼 위로 말려 있다.

밑들이 암컷이 애벌레에 주둥이를 꽂고 체액을 빨아먹는다.

밑들이류 *Panorpa fulvicaudaria* Miyake, 1913. 주로 5월에
많이 보이고 해발고도가 높은 산지에서 주로 관찰된다.(05. 12.)

밑들이류 *Panorpa fulvicaudaria* Miyake, 1913. 날개가 배 끝을
넘는 장시형과 배 끝에 미치지 못하는 단시형이 있다. 암컷 단시
형이다.(05. 12.)

참밑들이 자료에 따라 참밑들이 또는 밑들이라고 표기되어 있다. 여기에서는 참밑들이로 표기한다.(05. 18.)

참밑들이 몸길이는 14mm 내외다. 성충은 5~8월에 보인다.(05. 27.)

참밑들이 수컷 성충은 작은 곤충을 사냥한다. 자신이 먹기도 하고 암컷에게 선물로 주기도 한다. 암컷이 먹이를 먹는 동안 짝짓기한다.(06. 27.)

참밑들이 암컷 배 끝이 위로 말려 있지 않고 전갈 같은 부속지가 없다.(07. 01.)

참밑들이 암컷 더듬이는 검은색이고 배 윗면 마디 위가 검은색이다.(06. 04.)

참밑들이 수컷 배 끝과 집게 같은 부속지 모양이 독특하다.(07. 18.)

참밑들이 수컷 전갈처럼 배 끝을 들어 올리고 있다.

아무르밑들이 몸길이는 13mm 내외다. 성충은 8~9월에 보인
다.(08. 26.)

아무르밑들이 새 부리처럼 생긴 긴 주둥이는 주황색, 몸과 다리
도 전체적으로 주황색이다.(08. 26.)

아무르밑들이 머리와 더듬이는 검은색이며 날개에 띠무늬와
점무늬가 나타난다. 개체마다 차이가 있다.(08. 26.)

아무르밑들이 수컷 배 끝에 전갈 집게 같은 부속지가 위로 말려
있다.(09. 02.)

아무르밑들이 암컷 배 끝에 수컷과 달리 집게 같은 부속지가
없다.(08. 24.)

아무르밑들이 암컷 산지 및 숲 가장자리에서 주로 보이며 잡식
성이다.(08. 19.)

280

다음 사진의 개체들은 여러 곳에서 관찰한 것입니다. 날개의 무늬, 형태나 색깔 그리고 배 윗면의 무늬나 색깔이 비슷하기도 하고 다르기도 하지요. 이 가운데 참밑들이나 아무르밑들이의 개체 변이종도 있을 수 있고 밑들이나 아니면 전혀 다른 종의 밑들이도 있을 수 있습니다. 자료를 찾아보면 같은 종이라도 무늬나 색이 개체마다 차이가 있다고 하니 사진으로 밑들이를 구별하기는 힘들어 보입니다. 배 윗면의 색과 무늬, 날개의 색과 무늬, 다리의 색, 더듬이와 주둥이의 색 등에서 차이가 보입니다.

　　여기에서는 '밑들이류'로 이름을 붙이고 사진과 관찰 날짜를 기재하는 것으로 대신합니다.

밑들이류

(05. 10.) (05. 18.) (05. 18.) (05. 18.) (05. 18.) (05. 18.) (05. 19.) (06. 17.) (06. 11.) (06. 07.) (06. 20.)

밑들이류

(06. 20.)

(07. 05.)

(07. 05.)

(07. 05.)

(08. 16.)

(08. 24.)

(05. 31.)

(06. 20.)

(05. 24.)

(05. 08.)

(08. 19.)

밑들이류

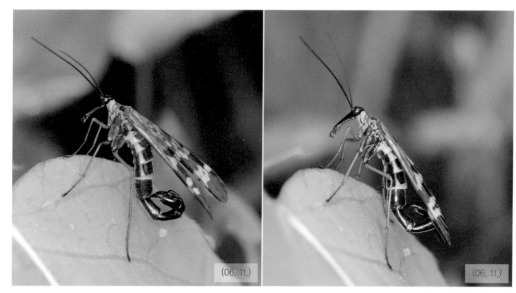

(06. 11.)

(06. 11.)

밑들이류 수컷

(06. 12.)

(06. 11.)

밑들이류 암컷

● 모시밑들이과

우리나라 모시밑들이과에는 2종이 알려졌습니다. 모시밑들이와 참모시밑들이가 그들이지요. 하지만 이 둘 역시 사진만으로 구별하기가 어렵습니다. 자료를 찾아봐도 확실한 구별점을 찾기 힘듭니다. 더듬이 색으로 구별한다는 이야기도 있는데 이 역시 모호하기는 마찬가집니다. 전체적으로 머리와 가슴, 배에 황색을 띤 공통점이 있어 보입니다.

그런데 날개의 무늬에 차이가 많이 납니다. 아무 무늬 없이 황색도 있고 띠무늬나 얼룩무늬가 나타나는 경우도 있습니다. 배 윗면의 무늬도 차이를 보이고요. 겹눈 사이 검은색 무늬 안에 홑눈이 있는데 이 부분의 무늬도 역시 차이가 보입니다. 이런 이유 때문에 여기에서는 이 둘을 구별하지 않고 그냥 '모시밑들이류'로 이름을 달고 관찰 날짜를 쓰는 것으로 대신합니다.

모시밑들이과와 밑들이과의 가장 큰 차이점은 주둥이의 길이입니다. 옆에서 보면 확실히 알 수 있습니다. 모시밑들이과에 속한 밑들이들의 주둥이가 짧지요.

(07. 08.) (07. 08.)

모시밑들이류

(07. 09.) (07. 09.) (07. 01.)

(07. 05.) (07. 06.) (07. 06.)

(07. 18.) (07. 18.) (07. 18.)

모시밑들이류

17
파리목

곤충강 유시아강 신시류 내시류에 속하는 무리입니다. 겹쳐 접을 수 있는 날개가 있으며 번데기를 만드는 곤충이지요. 전 세계 곤충의 12퍼센트를 차지하는 매우 커다란 분류군으로 파리목의 가장 큰 특징은 날개입니다. 여느 곤충처럼 날개가 2쌍 있는 것이 아니라 앞날개 한 쌍만 있고 뒷날개는 평균곤(평형곤)으로 변형되었습니다. 평균곤은 곤봉 모양의 돌기로 비행할 때 몸의 평행을 유지해주는 역할을 합니다.

각다귀류 평균곤

털파리류 평균곤

파리매류 평균곤　　　　　　　　　　　꽃등에류 평균곤

　　얼굴에는 커다란 겹눈이 있으며 더듬이 모양은 종에 따라 다양합니다. 입틀(구기)도 독특하게 변형되었는데 모기처럼 찔러서 빨아 먹는 입도 있고 집파리처럼 핥는 입도 있습니다. 그리고 등에류는 큰턱이 면도날처럼 변형되었고 아랫입술은 핥는 형태입니다.

　　애벌레의 대부분은 특별한 부속지가 없는 구더기 형태입니다.

파리목은 전 세계적으로 15만 종 이상이 알려졌으며 크게 2아과와 150여 과로 이루어졌습니다.

간단하게 파리목을 구분하면 다음 표와 같습니다.

파리목	모기아목	더듬이와 다리가 가늘고 몸도 연약하다.	모기, 각다귀, 깔따구, 털파리, 나방파리 등
	등에아목	몸이 굵고 단단하며 더듬이도 짧다.	파리매, 등에, 동애등에, 꽃등에, 집파리 등

좀 더 세분해서 파리목을 나누면 매우 복잡해집니다. 그리고 자료마다 분류 방법과 용어에서 조금씩 차이를 보이기도 합니다. 여기에서는 분류가 목적이 아니므로 간단하게 다음 표로 파리목의 분류를 대체합니다.

파리목	모기아목	각다귀하목	각다귀상과
			어리각다귀상과
		모기하목	모기상과
			깔따구상과
			먹파리상과
		나방파리하목	나방파리상과
		멧모기하목	멧모기상과
		털파리하목	털파리상과
			산모기파리상과
			모기파리상과
			털파리붙이상과
			버섯파리상과

파리목	등에아목	파리매하목	파리매상과
			춤파리상과
			어리재니등에상과
		집파리하목	파리상과(벼룩파리 등)
			꽃등에상과(꽃등에 등)
			굴파리상과(굴파리 등)
			대눈파리상과(대눈파리 등)
			들파리상과(꼭지파리, 대모파리, 들파리 등)
			노랑굴파리상과(노랑굴파리, 새파리 등)
			벌붙이파리상과(벌붙이파리 등)
			애기똥파리상과(애기똥파리 등)
			좀파리상과(좀파리)
			초파리상과(물가파리, 초파리 등)
			큰날개파리상과(큰날개파리 등)
			과실파리상과(과실파리, 알락파리, 띠날개파리 등)
			쇠파리상과(초록파리, 검정파리, 금파리, 기생파리, 쉬파리 등)
			집파리상과(꽃파리, 집파리, 똥파리 등)
			이파리상과(체체파리 등)
		동애등에하목	동애등에상과
		등에하목	노랑등에상과
			등에상과
		밑들이파리매하목	밑들이파리매상과

290

■ **각다귀상과(각다귀하목)**

각다귀는 모기처럼 생긴 커다란 곤충입니다. 처음 보면 대왕모기라고 벌벌 떨기도 합니다. 잠자리각다귀는 매우 커서 무섭기까지 하지요. 파리 무리 가운데 가장 큰 무리입니다. 하지만 각다귀 종류는 피를 빨지는 않고 수액이나 꽃꿀을 먹고 삽니다. 일부는 육상 생활을 하지만 대부분 애벌레 시기를 물속에서 보내는 수서곤충입니다.

몸에 비해 다리가 무척 길고 몸도 길쭉해서 영어권에서는 'crane(두루미) fly'라고 합니다.

장수각다귀와 잠자리각다귀는 매우 혼동되는 종입니다. 여러 자료를 찾아봐도 정확한 구별법에 대한 설명이 없습니다. 아주 커서 주변에 자주 보이는데 사실 장수각다귀인지 잠자리각다귀인지 구별하기가 생각보다 어렵습니다.

잠자리각다귀 몸길이는 38~40㎜로 암컷이 크다. 배 끝이 뽀족한 것이 암컷이다.

둘의 차이점은 앞가슴등판에 있는 줄무늬라는 자료가 있습니다. 앞가슴등판에 회백색 줄이 있으면 장수각다귀, 검은색 줄이 선명하게 있으면 잠자리각다귀라고 합니다. 여기에서는 이 자료에 따라 장수각다귀와 잠자리각다귀를 분류합니다. 둘은 날개 무늬도 약간 다릅니다. 줄무늬와 점무늬가 섞여 있으면 장수각다귀이고, 점무늬가 없으면 잠자리각다귀라고 합니다. 이 점도 참고했습니다.

잠자리각다귀 앞가슴등판 양쪽에 검은색 줄무늬가 있는 것이 장수각다귀와 구별된다.

잠자리각다귀 수컷 배 끝이 암컷과 다 르다.

잠자리각다귀 수컷 밤에 불빛에도 잘 찾아든다.

잠자리각다귀 암컷 애벌레는 물속생 활을 하며 성충은 주로 산지에서 4월쯤 많이 보인다.

잠자리각다귀 번데기 애벌레는 물속생활을 하며 번데기는 물 가 모래톱 등에 만든다.

잠자리각다귀 번데기 허물

번데기에서 나온 잠자리각다귀 수컷
이다.

잠자리각다귀 짝짓기

잠자리각다귀 짝짓기 암컷이 훨씬 크다.
주로 4~5월에 짝짓기 장면을 볼 수 있다.

5월에 본 잠자리각다귀 짝짓기

장수각다귀 몸길이는 24~34mm로, 암컷이 크다.

장수각다귀 앞가슴등판에 회백색 무늬가 있는 것이 잠자리각다귀와 구별된다.

장수각다귀 암수 잠자리각다귀와 날개 무늬도 다르다.

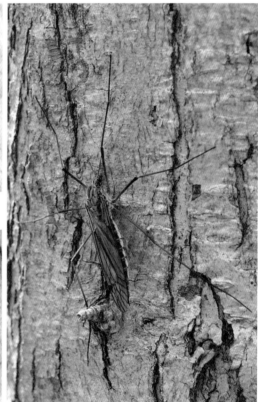

장수각다귀 암수 암컷은 습기가 많은 땅에 알을 무더기로 낳는다. 알과 번데기 상태로 월동한다.

장수각다귀 암컷 주로 4~5월에 많이 보인다.

장수각다귀로 추정되는 개체가 땅에 알을 낳는다.

장수각다귀 짝짓기 5월에 관찰한 모습이다.

산란관을 땅에 박고 알을 낳는 중이다.

줄각다귀와 아이노각다귀도 비슷하게 생겨서 구별하기가 어렵습니다. 여기에서는 줄각다귀로 이름을 달고 사진과 설명으로 대신합니다. 물론 이 사진의 주인공들이 아이노각다귀일 가능성도 있습니다.

줄각다귀 암컷 몸길이는 12~16mm다. 앞가슴등판에 세로줄이 3줄 있다.

줄각다귀 암컷 이른 봄부터 볼 수 있다. 개나리 꽃꿀을 먹고 있다. 배 끝이 뾰족하다.

줄각다귀 앞날개 뒤로 평균곤이 선명하다. 날개 가장자리에 진한 갈색 띠무늬가 나타나며 끝으로 갈수록 길쭉한 삼각형이다.

줄각다귀 수컷 암컷과 달리 배 끝이 뾰족하지 않다.

줄각다귀 수컷이 물가 풀줄기에 매달려 있다.

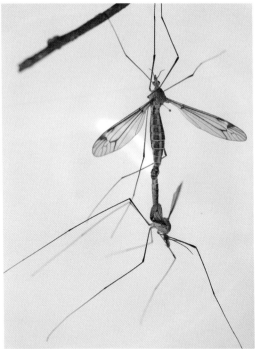

줄각다귀 짝짓기 암컷의 몸이 크다. 위 개체가 암컷이다.   옆에서 본 줄각다귀 짝짓기 모습

줄각다귀 암컷은 짝짓기 후 물가 습기가 많은 곳에 알을 낳는다. 애벌레는 물속생활을 한다.

상제각다귀 몸길이는 10〜16mm로, 앞날개길이는 8〜10mm다.

상제각다귀 몸이 가늘고 길며 전체적으로 고르게 암갈색이다.

상제각다귀 짝짓기 이른 봄부터 관찰된다.

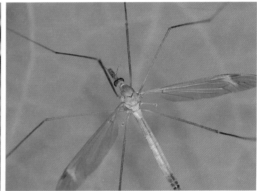
상제각다귀 앞가슴등판이 휘어 약간 솟았다. 연한 갈색의 평균곤이 뚜렷하다.

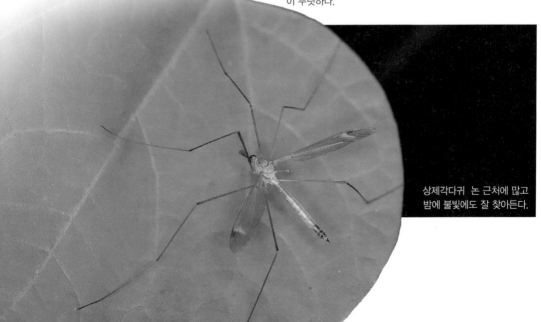
상제각다귀 논 근처에 많고 밤에 불빛에도 잘 찾아든다.

검정날개각다귀 몸길이는 19mm, 앞날개 길이는 19mm 정도다. 전체적으로 검은색이다.

검정날개각다귀 날개는 크고 반투명하다.

검정날개각다귀 짝짓기 암컷의 더듬이는 10마디, 수컷의 더듬이는 6마디다. 앞가슴등판은 광택이 나며 세로줄이 2줄 있다. 6월에 관찰한 장면이다.

검정날개각다귀 애벌레 물속생활을 한다.

일본애각다귀 몸길이는 8mm 내외다. 주둥이가 매우 길며 투명한 날개는 뒷부분에 흐릿한 타원형의 무늬 외에 별다른 무늬가 없다. 4월 말에 관찰한 모습이다.

황각다귀와 황나각다귀도 구별하기가 힘든 종 가운데 하나입니다. 워낙 비슷하게 생기고 서식지도 겹쳐서 구별하기가 만만치 않습니다. 여기에서는 둘의 앞가슴등판에 있는 무늬로 구별합니다. 앞방패판에는 두 종 모두 검은 색 굵은 세로줄이 두세 줄이 있지만, 뒷가슴방패판에는 세로줄이 있기도 하고 없기도 합니다. 뒷가슴방패판에 세로줄이 있으면 황각다귀, 없으면 황나각다귀입니다.

앞방패판
방패판
작은방패판
뒷가슴방패판

황각다귀

황각다귀 몸길이는 11~15mm, 앞날개 길이는 10~13mm다. 뒷가슴방패판에 굵은 세로줄이 한 줄 있다. 황나각다귀와 구별된다.

황각다귀 암컷 다리가 매우 길어 몸길이를 넘는다. 논과 밭 등에서 자주 보인다. 배 끝에 뾰족한 산란관이 보인다.

황각다귀 수컷 배 끝이 암컷과 달리 뾰족하지 않다.

황각다귀 짝짓기 위 개체가 암컷이다. 4월 말에 관찰한 모습이다.

황각다귀 짝짓기 5월 말에 관찰한 모습이다.

황각다귀 암컷 날개를 펼쳐 보인다. 날개는 투명하며 별다른 무늬가 없다.
주로 낮에 활동하지만 밤에도 종종 보인다.

황나각다귀 몸길이는 10~12mm, 앞날개 길이는 10~13mm다.
뒷가슴방패판에 검은색 세로무늬가 없다.

황나각다귀 짝짓기 6월 중순에 관찰한 모습이다.

황나각다귀 암컷 배 끝에 뾰족한 산란관이 보인다.

황나각다귀 다리가 매우 길다. 몸길이를 넘는다.

황나각다귀 수컷 암컷과 달리 배 끝이 뾰족하지 않다.

에조각다귀 수컷 대모각다귀와 비슷하게 생겼지만 날개 무늬
가 다르다.

에조각다귀 수컷을 정면에서 본 모습이다. 암컷이 내는 페로몬을
빨리 맡기 위해 더듬이가 매우 발달했다.

에조각다귀 수컷의 크기를 짐작할 수 있다.

에조각다귀 암컷 나무줄기의 썩은 부분에 산란한다. 애벌레는 그 곳에서 산다.

에조각다귀 암컷 쉴 때는 날개를 펴고 배 끝을 위로 말아 올리는 습성이 있다.

에조각다귀 암컷의 옆모습 배 끝을 위로 올린다.

대모각다귀 암컷 몸길이는 13～17mm, 앞날개 길이는 14～16mm다. 날개에 있는 얼룩덜룩한 무늬가 대모거북 무늬를 닮아서 붙인 이름이다.

대모각다귀의 크기를 짐작할 수 있다. 수컷이다.

대모각다귀 수컷 암컷이 내는 페로몬을 빨리 맡기 위해 더듬이
가 매우 발달했다.

대모각다귀 암컷 에조각다귀와 비슷하지만 날개 무늬가 다르다.

대모각다귀 짝짓기 왼쪽이 암컷이다. 9월 초에 관찰한 모습이다.

대모각다귀 암컷 짝짓기 후 암컷은 썩은 나무에 산란한다.

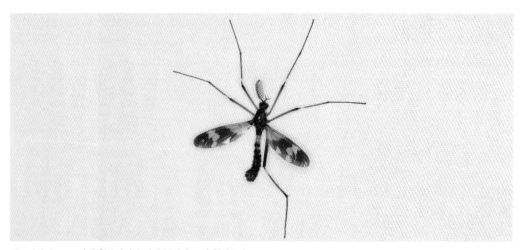

대모각다귀 주로 낮에 활동하지만 밤에 불빛에도 잘 찾아든다.

밑들이각다귀 암컷 몸길이는 8mm, 앞날개 길이는 9mm 내외다.

밑들이각다귀 암컷 산지의 숲속에 살며 썩은 나무에 산란한다.

밑들이각다귀 수컷 암컷보다 더듬이가 더 발달했다.

밑들이각다귀 수컷 대모각다귀나 에조각다귀에 비해 날개 무늬가 단순하다.

밑들이각다귀류 애벌레 여느 각다귀류 애벌레와 달리 물속생활을 하지 않고 썩은 나무의 습기가 많은 곳에서 산다.

물속생활을 하는 각다귀류 애벌레

각다귀(더듬이) (07. 18.)

우리 주변에는 참 다양한 각다귀가 삽니다. 하지만 아직 정확한 분류나 자료가 없다 보니 그냥 '각다귀류'라는 이름표만 다는 실정입니다. 여기에서도 '각다귀류'라는 이름으로 사진만 싣습니다. 언젠가 정확한 이름으로 불러줄 날이 오겠지요.

(04. 02.)

(07. 18.)

각다귀류

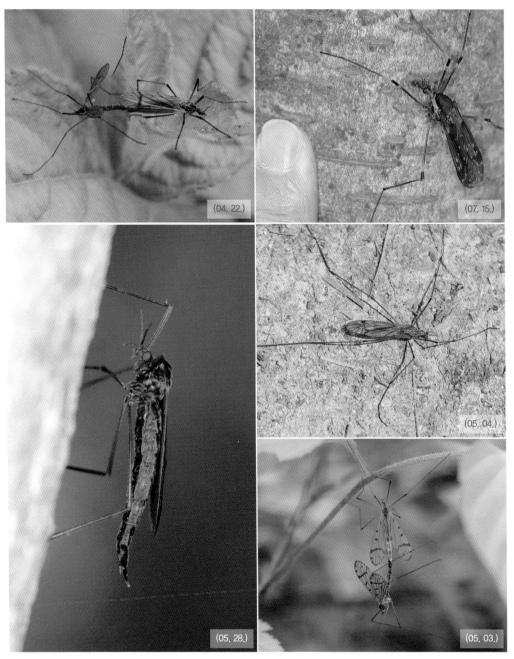

(04. 22.)

(07. 15.)

(05. 28.)

(05. 04.)

(05. 03.)

각다귀류

각다귀류

(07. 08.)

(07. 11.)

(08. 25.)

(10. 17.)

각다귀류

(04. 11.)

(10. 17.)

(05. 14.)

(10. 28.)

각다귀류

(05. 14.)

(05. 14.)

(05. 21.)

(05. 21.)

(06. 09.)

각다귀류

(06. 24.)

(07. 26.)

(07. 15.)

각다귀류

■ 모기상과(모기하목)

모기는 물속에서 애벌레 시기를 보내고 번데기도 물에서 삽니다. 우리 주변
에 여러 종의 모기들이 살지만 여기에서는 다 다루지 않고 애벌레, 번데기,
성충 사진을 싣고 간단한 설명만 하는 것으로 대신합니다.

한국얼룩날개모기 애벌레 물속생활을 한다.

한국얼룩날개모기 애벌레 가슴등판이 머리보다 크고 사각형이다. 배 끝에
있는 숨관이 짧다.

숲모기 애벌레 숨관이 한국얼룩날개모기보다 길지만 집모기보 다는 짧다. 얼굴과 비슷한 크기의 가슴등판은 8각에 가깝다.

숲모기 번데기 번데기 기간은 2~3일 정도로 짧다. 머리에 뿔처 럼 달린 것이 숨관이다.

모기류가 날개돋이를 하고 있다.

날개돋이 후 물에 남긴 모기류 허물

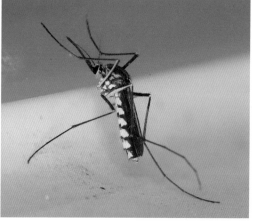

흰줄숲모기 5~10월에 보이며 암컷만 흡혈한다. 가슴등판과 다 리마디에 흰 띠가 나타난다.

큰검정들모기 4~11월에 보인다. 암컷은 밤에 사람이나 가축의 피를 빨아 먹으며 낮에는 화장실이나 부엌 등의 벽에 앉아 휴식 을 취한다.

■ 깔따구상과(모기하목)

깔따구는 하천가나 논 주변에서 모기 기둥을 만들어 집단으로 비행하는 곤충입니다. 물속에서 애벌레 시기를 보낸 뒤 7월 정도에 날개돋이를 합니다. 애벌레는 선명한 빨간색, 하얀색, 노란빛이 강하고 반투명한 개체 등 다양합니다. 성충의 모양과 색도 다양합니다. 여기에서는 그냥 '깔따구류'로 뭉뚱그려 사진과 함께 간단한 설명으로 대신합니다.

깔따구류 애벌레(붉은색)

깔따구류 애벌레의 크기를 짐작할 수 있다.

깔따구류 애벌레(흰색)

등깔따구

노랑털깔따구

등깔따구 노랑털깔따구 애벌레

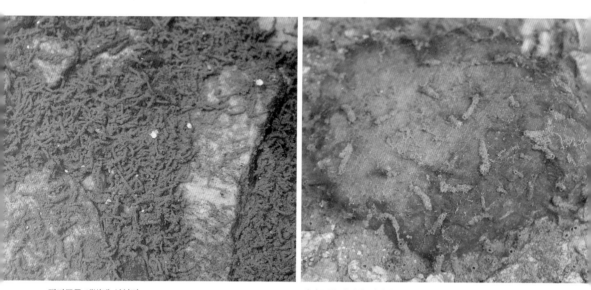

깔따구류 애벌레 서식지

깔따구류 애벌레 서식지

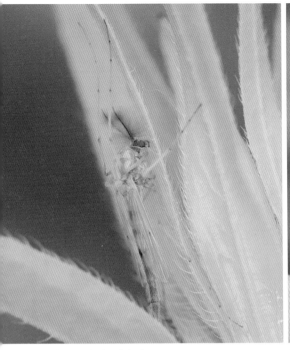

갈고리오각깔따구(추정) 수컷

갈고리오각깔따구의 크기를 짐작할 수 있다.

갈고리오각깔따구(추정) 암컷

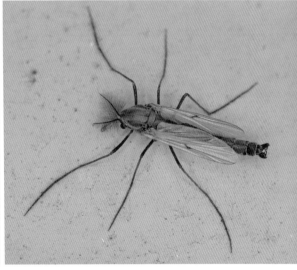

빨간도꾸나가깔따구(추정) 수컷 더듬이가 발달했다.

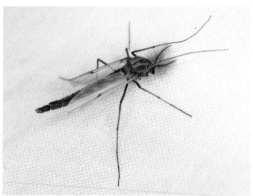

장수깔따구 밤에 불빛에도 찾아든다. 이른 봄에 관찰했다.

장수깔따구 수컷

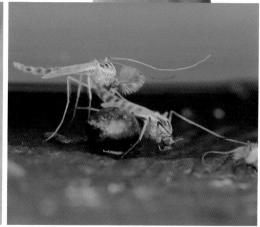

장수깔따구(추정) 암컷

노랑털깔따구 암수 더듬이가 큰 위쪽 개체가 수컷이다.

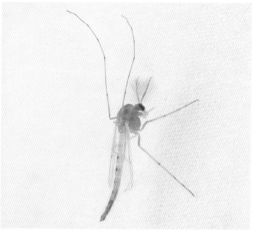

요시마쯔깔따구 암컷

요시마쯔깔따구 수컷

■ 나방파리상과(나방파리하목)

나방파리는 이름에서 알 수 있듯이 나방처럼 생긴 파리입니다. 화장실, 보일러실, 하수도 주변, 창고 등 습하고 구석진 곳에서 일 년 내내 볼 수 있는 곤충입니다. 온몸에 회색의 긴 털로 덮여 있어 나방처럼 보이죠. 애벌레는 하수도 등에서 살며 오물을 먹는다고 합니다.

나방파리(나방파리과) 몸길이는 2mm 내외, 앞날개 길이는 2∼3mm다.

나방파리의 크기를 짐작할 수 있다.

■ 털파리상과(털파리하목)

파리목 털파리하목에 속하는 곤충으로 수컷은 겹눈이 크고 붙어 있으며 암컷은 작고 떨어져 있습니다. 애벌레는 땅속에서 겨울을 나며 성충은 봄부터 보이기 시작합니다.

　털파리류에 대한 자료가 많이 없다 보니 단편적인 정보로만 추정할 수밖에 없습니다. 암컷과 수컷의 모양과 색이 다르고, 수컷끼리는 몸에 난 털의 색으로 구별하기도 합니다. 전체적으로 비슷한데 겹눈만 색이 다르기도 하고 다리의 무늬에 차이가 나는 종도 있습니다. 여기에서는 이름표를 달긴 했지만 모두 추정으로 올립니다.

검털파리 수컷 몸길이는 11〜14mm다. 전체적으로 광택이 나는 검은색이다. 제1〜2 배마디 윗면 옆 가장자리에 황백색 털이 있다. 이 털이 검은색이면 붉은배털파리 수컷이다.

검털파리 수컷 겹눈이 크고 붙어 있다. 날개는 불투명한 검은색이다. 검정다리털파리 수컷과 구별된다.

검털파리 수컷 산지 계곡 주변에 살며 4~5월에 많이 보인다.

검털파리 암컷 머리가 작고 겹눈이 서로 떨어져 있다.

검털파리 암컷 날개가 불투명한 검은색인 것이 검정다리털파리 암컷과 구별된다.

검털파리 수컷 날개를 열자 앞날개 뒤에 평균곤이 선명하다.

검털파리 짝짓기 4~5월에 짝짓기하는 모습이 자주 보인다. 애벌레로 땅속에서 월동한다.

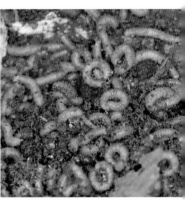

털파리류 애벌레 4월 초에 관찰한 모습이다. 검털파리 애벌레로 추정되나 정확한 자료가 없다.

털파리류 애벌레 땅속의 애벌레를 12월 초에 관찰한 모습이다.

검정다리털파리 수컷 검털파리와 크기가 비슷하고 활동 시기도 겹친다. 날개가 투명한 것으로 검털파리 수컷과 구별한다. 자료에 따르면 다리 전체가 검은색인데 이 개체는 뒷다리 아랫부분이 붉은색을 띤다. 참고용으로 올린다.

검정다리털파리 몸에 난 황백색 털이 검털파리 수컷과 비슷하지만 날개가 다르다. 옆 개체와 털 색과 다리 색이 다르다. 같은 종인지 아닌지 현재로선 알 수 없다. 참고용으로 올린다.

검정다리털파리 수컷 다리가 모두 검고 날개도 투명하다. 이 개체는 검정다리털파리 수컷 자료와 일치한다.

검정다리털파리 암컷 날개가 검털파리보다 투명하다. 다리는 모두 검은색이다.

붉은배털파리 암컷 몸길이는 10∼11mm다. 이른 봄부터 보인다. 이름처럼 배가 붉다. 앞가슴등판도 붉은색이지만 수컷은 검은색이다.

붉은배털파리 암컷들이 개망초 잎에 떼로 모여 있다.

붉은배털파리 암컷 배와 앞가슴등판을 제외하고 모두 검은색이다. 수컷보다 머리가 작고 겹눈도 떨어져 있다.

붉은배털파리 수컷 암컷과는 모습이 전혀 다르다. 검털파리 수컷과 달리 몸에 난 털이 모두 검은색이다. 검털파리 수컷은 황백색이다.

붉은배털파리 수컷 암컷보다 머리가 크고 겹눈이 붙어 있다.

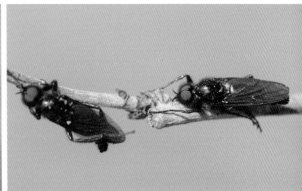

붉은배털파리 수컷 애벌레로 땅속에서 월동한다. 수컷 두 마리가 함께 있다.

붉은배털파리 수컷 몸에 난 털이 모두 검은색인 것이 선명하게
보인다.

붉은배털파리 수컷 비행력은 떨어진다. 주로 나무에 붙어 있거나
땅 위를 걸어 다니는 것을 자주 본다. 애벌레는 포아풀과 식물의
뿌리나 썩은 음식, 배설물 등을 먹는다.

붉은배털파리 수컷의 크기를 짐작할 수 있다.

붉은배털파리 짝짓기 위의 큰 개체가 암컷이다.

어리수중다리털파리 수컷 몸길이는 7∼9mm로 여느 털파리류
에 비해 다리가 길다.

어리수중다리털파리 수컷 겹눈이 매우 크고 붙어 있다.

어리수중다리털파리 수컷 성충은 4∼5월에 보인다.

어리수중다리털파리 암컷 머리가 작고 겹눈이 떨어져 있다.

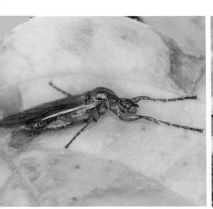

어리수중다리털파리 암컷 다리가 적갈색이
라 붉은배털파리 암컷과 구별된다.

어리수중다리털파리 암컷 몸이 길쭉하고 다리도
길며 앞다리의 넓적다리마디가 알통 다리다.

어리수중다리털파리 암수

황다리털파리 수컷 몸길이 8∼9mm다. 뒷다리의 종아리마디가
황갈색이라 검털파리 수컷과 구별된다. 크기를 짐작할 수 있다.
성충은 주로 4∼5월에 보인다.

황다리털파리 암컷 머리가 작고 겹눈이 떨어져 있다. 가슴등판이
검은색이라 어리수중다리털파리 암컷과 구별된다.

황다리털파리 암컷의 크기를 짐작할 수 있다.

황다리털파리 암컷 날개 아래쪽에 검은색 점무늬가 있다.

황다리털파리 수컷 가슴등판은 약간 볼록하며 부드러운 털이
나 있다. 각 다리는 적갈색 띠무늬가 나타나며 뒷다리가 매우
길다.

황다리털파리 짝짓기
4월 27일에 관찰한 모습이다.

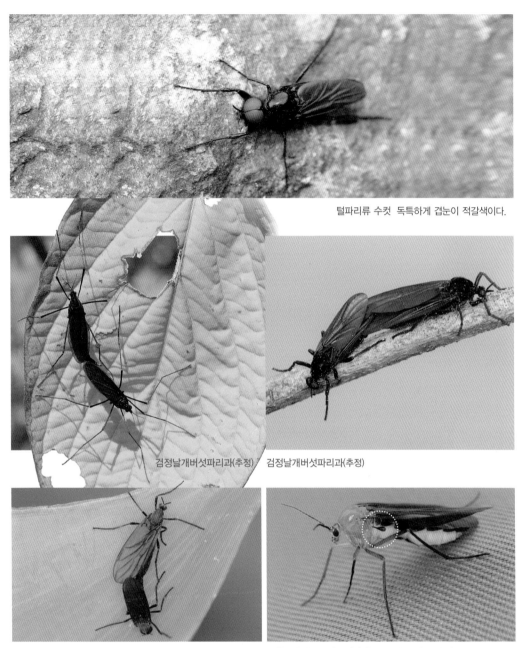

털파리류 수컷 독특하게 겹눈이 적갈색이다.

검정날개버섯파리과(추정)　검정날개버섯파리과(추정)

계피우단털파리(우단털파리과) 짝짓기 몸은 검은색이며 가슴과
배마디의 뒷부분만 적갈색이다. 날개는 검은빛이며 반투명하다.
몸길이는 9~10mm다.

주홍가슴검정날개버섯파리 더듬이가 길어 벌 집안처럼 보이지만
검은색의 평균곤이 선명하게 보인다. 검정날개버섯파리과.

● 파리매과(파리매하목 파리매상과)

파리매는 파리매과에 속하며 다른 곤충을 사냥해서 먹는 육식성입니다. 몸이 가늘고 길며 다리가 발달해서 움켜잡기 좋은 구조입니다. 겹눈이 매우 큽니다. 우리나라 이름은 파리 집안에 속하면서 매처럼 날쌔게 사냥하는 곤충이라는 뜻이고 영어권에서는 'robber(강도) fly', 'assassin(암살자) flies'라고 한답니다.

파리매 암컷 몸길이는 25~28mm, 성충은 6~8월에 활동한다. 배 끝에 하얀색 털 뭉치가 없다.

파리매 수컷 배 끝에 하얀색 털 뭉치가 있다.

파리매 수컷 배 끝에 있는 털 뭉치

파리매 수컷 얼굴

파리매 주로 낮에 활동하지만 밤에 불빛에도 찾아든다.

파리매 수컷 들판이나 숲에서 살며 파리, 밑들이, 벌, 풍뎅이 등을 잡아먹는다. 등얼룩풍뎅이를 사냥했다.

파리매 수컷이 꽃벌을 사냥했다.

물자라를 사냥한 파리매 암컷

파리매 짝짓기

파리매 수컷이 먹이를 선물하고 암컷이 먹는 동안 짝짓기한다. 짝짓기 후 암컷은 다양한 곳에 흰색 거품에 싸인 알집을 만들어 붙인다.

파리매류 알집

파리매류 알집

누군가에게 먹힌 파리매류 알집 알 자리가 선명하다.

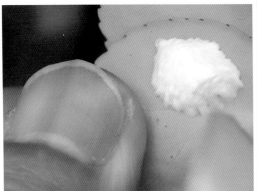

파리매류 알집의 크기를 짐작할 수 있다.

파리매류 알집 나뭇잎에 붙이기도 한다.

왕파리매 암컷 몸길이는 20~28mm로, 성충은 7~8월에 활동
한다. 배 끝이 수컷과 다르다.

왕파리매가 알집을 만들어 나뭇가지에 붙인다.

왕파리매 수컷 배 끝이 암컷과 다르다. 비를 맞았는데 많이 젖지 않았다. 털이 방수 작용을 하는 듯하다.

왕파리매 암컷이 나뭇가지를 붙잡고 쉬고 있다.

풍뎅이를 사냥한 왕파리매 수컷 자기가 먹기도 하지만 짝짓기를 위해 암컷에게 선물하기도 한다.

왕파리매 암컷이 갈색날개노린재를 잡았다.

소똥풍뎅이를 사냥한 왕파리매 암컷

광대파리매 수컷 몸길이는 17~20mm, 성충은 봄부터 초여름까지 활동한다.

광대파리매 종아리마디와 그 아래쪽까지 황갈색이면 광대파리매이고 종아리마디만 황갈색이면 홍다리파리매다.

광대파리매 수컷 배 끝이 뭉툭하며 광택이 난다.

광대파리매 날개를 펴자 배마디가 선명하게 보인다. 다리는 넓적다리마디가 검은색이고 종아리마디는 갈색이다.

광대파리매 수컷 배 끝에 있는 수컷의 생식돌기가 뚜렷하게 보인다. 암컷과 달리 짧고 뭉툭하다.

광대파리매 암컷 배 끝이 길고 매우 뾰족하다.

광대파리매 암컷 배 끝 4마디는 가늘고 광택이 있다.

광대파리매 짝짓기

광대파리매 짝짓기 보통 수컷이 암컷에게 먹이를 선물로 준 후 암컷이 먹을 동안 짝짓기를 한다.

날개돋이 직후의 광대파리매 색깔이 아직 제대로 나타나지 않는다.

광대파리매 암컷 들이나 야산의 숲에서 발견되며 주로 낮에 활동하지만 밤에도 사냥을 한다.

광대파리매 수컷 낮에 활동하지만 밤에 불빛에도 잘 찾아든다.

광대파리매 암컷이 맵시벌류를 사냥했다.

광대파리매 암컷이 파리 종류를 사냥했다.

광대파리매 수컷이 기생파리 종류를 사냥했다.

광대파리매 암컷이 광대파리매 수컷을 먹고 있다. 짝짓기 후 벌어진 일인지 아니면 다른 수컷을 사냥한 것인지는 알 수 없다.

광대파리매 암컷 밤에도 사냥한다.

광대파리매 수컷이 황각다귀를 사냥했다.

광대파리매 수컷이 나방을 사냥했다.

광대파리매의 크기를 짐작할 수 있다.

광대파리매 얼굴 겹눈이 크고 주둥이가 뾰족하다. 더듬이는 짧고 겹눈 사이 아래쪽에 검은색과 황갈색의 털이 많다.

검정파리매 수컷 몸길이는 22∼25mm, 성충은 7∼9월에 활동한다.

검정파리매 암컷 여느 파리매와 달리 다리가 모두 검은색이다. 뒷다리 안쪽은 갈색이다.

검정파리매 수컷 생식돌기가 짧고 검은색이며 모양이 독특하다. 보는 각도에 따라 다르게 보인다.

검정파리매 수컷 생식돌기 끝이 뭉툭한 것이 암컷과 다르다. 위에서 보면 가운데가 홈이 파인 것처럼 보인다.

검정파리매 수컷 생식돌기 한쪽을 움직이면 전혀 다른 모습이다.

검정파리매 수컷이 사냥에 성공했다. 생식돌기를 옆에서 보면 사선으로 절단된 것처럼 보인다.

검정파리매 암컷 배 끝이 뾰족하다.

검정파리매 암컷 다리 안쪽은 갈색이지만 바깥쪽은 모두 검은색이다.

검정파리매 암컷이 고마로브집게벌레 사냥에 성공했다.

검정파리매 암컷이 꽃매미를 사냥했다.

검정파리매 암컷이 실잠자리 사냥에 성공했다.

검정파리매 암컷 밤에 불빛에도 잘 찾아든다. 가슴등판이 볼록하며 세로줄 무늬가 나타난다.

검정파리매 겹눈이 커다랗고 주둥이가 뾰족하다. 겹눈 아래쪽에 황갈색 털이 북슬북슬하다.

검정파리매 짝짓기 매우 독특한 자세로 이루어진다. 주로 7~8월에 많이 보인다.

검정파리매 짝짓기

검정파리매가 쉬파리류를 사냥했다.

검정파리매가 풍뎅이류를 사냥했다.

검정파리매가 검정큰날개파리를 사냥했다.

검정파리매가 양봉꿀벌을 사냥했다.

검정파리매 회색 개체 수컷 몸 전체가 회색이다. 검정파리매로 추정되지만 일단 따로 정리해본다.

검정파리매가 광대파리매를 사냥했다.

검정파리매 회색 개체 암컷

홍다리파리매 몸길이는 12~18mm다.

홍다리파리매 커다란 겹눈 사이 아래쪽에 황백색의 털이 수북하다. 종아리마디만 적갈색인 것이 광대파리매와 다르다.

홍다리파리매 수컷 배 끝에 있는 생식돌기가 짧고 뭉툭하다.

홍다리파리매 수컷 광대파리매와 달리 적갈색 종아리마디가 선명하게 보인다. 들판이나 야산에 살며 다른 곤충을 사냥하는 포식자다.

홍다리파리매 수컷이 사냥에 성공했다.

홍다리파리매 암컷 배 끝 3마디가 광택이 나며 매우 길고 뾰족하다.

홍다리파리매 암컷이 꽃등에를 사냥했다.

홍다리파리매 암컷이 날도래를 사냥했다.

홍다리파리매 암컷이 털파리 종류를 사냥했다.

홍다리파리매 암컷이 나방 사냥에 성공했다.

가슴등판 옆면에 검은색 점 무늬가 2개 있다.

산란관

호랑무늬파리매 암컷 몸길이는 19~24mm, 성충은 7~8월에 활동한다.

배털보파리매 몸길이는 10~15mm, 성충은 4~5월에 활동한다. 온몸에 부드러운 긴 털이 덮여 있으며 날개의 무늬가 독특하다.

배털보파리매 날개가 상한 개체다. 생김새를 보니 왜 '배털보'인지 짐작이 간다. 성충은 물가의 낮은 산지나 초지에서 보이며 비행을 자주 하지 않는다.

344

뒤영벌파리매와 빨간뒤영벌파리매는 비슷해서 구별하기가 힘듭니다. 암수의 모양과 색이 달라 더더욱 그렇지요. 자료를 찾아보면 뒤영벌파리매와 빨간뒤영벌파리매가 혼용되어 나타나기도 합니다. 짝짓기하는 사진을 보면 색이 너무나 달라 다른 종처럼 보이기도 하지요. 여기에서는 불확실한 개체는 추정으로 해서 참고용으로 올립니다.

빨간뒤영벌파리매 몸길이는 23mm 내외다. 몸은 검은색이지만 붉은 갈색 털이 있어 전체적으로 적갈색으로 보인다. 뒤영벌을 닮았다.

빨간뒤영벌파리매 이른 봄부터 보이며 다른 곤충을 잡아먹는 포식자다.

빨간뒤영벌파리매 파리매과 중에서 대형에 속하며 비행력이 뛰어나다.

빨간뒤영벌파리매 투명한 날개에 황갈색 맥이 있다. 숨어 있다가 다른 곤충이 다가오면 재빨리 잡아먹는다.

빨간뒤영벌파리매 암컷으로 추정되는 개체다.

빨간뒤영벌파리매 뒤영벌파리매와 닮았으나 가슴 뒤쪽과 다리에 노란색 또는 붉은빛을 띤 황색 털이 있어 구별된다.

빨간뒤영벌파리매 비행력이 뛰어나며 다른 곤충을 사냥하는 포식자다.

뒤영벌파리매 몸길이는 21mm 내외다. 몸은 검은색이며 황갈색과 검은색의 부드러운 털이 덮여 있다. 배 앞쪽은 검은색, 뒤쪽은 황갈색이다.

뒤영벌파리매 5~6월에 햇볕이 잘 드는 산길에서 주로 보인다.

파리매과 꼭지파리매아과 가운데 2008년부터 국명 없이 기재되다가 최근에 국명이 정해진 파리매가 있습니다. 생김새에 빗대어 짱구파리매(*Damalis andron* Walker, 1849)라는 국명을 가지게 되었습니다. 여느 파리매들보다 작고 앞가슴등판이 볼록하여 옆에서 보면 등이 튀어나온 것처럼 보이기도 합니다. 특히 잎에 붙어서 쉴 때 보면 자세가 매우 독특합니다. 다리를 모두 모으거나 벌리면서 거꾸로 매달려 있습니다. 여기에서는 설명 없이 사진만 싣는 것으로 대신합니다. 7월과 8월에 만난 개체들입니다.

짱구파리매(*Damalis andron* Walker)

울릉파리매 수컷 몸길이는 12~17mm다. 몸은 검은색이며 전체적으로 짧은 노란색 털이 덮여 있다. 겹눈, 더듬이, 다리는 모두 검은색이며 얼굴 아랫부분에 노란색 털이 나 있다.

울릉파리매 수컷 가슴등판은 주름진 모양으로 울퉁불퉁하며 검은색 배마디에 짧은 노란색 털이 덮여 있다.

울릉피리매 암컷 수컷과 배 끝 부분이 다 르다.

울릉파리매 암컷 주름진 가슴등판이 뚜 렷하다.

울릉파리매 암컷 얼굴

우리 주변에는 꽤 많은 파리매들이 살고 있습니다. 50~60종으로 추정하 는데 사진만으론 구별하기 힘든 종들이 많다고 합니다. 다음 사진들은 이름 을 찾지 못한 파리매들입니다. 참고용으로 파리매류라는 이름으로 사진만 올 립니다.

(06. 12.)

쥐색파리매 추정

(06. 30.)

(06. 30.)

파리매류

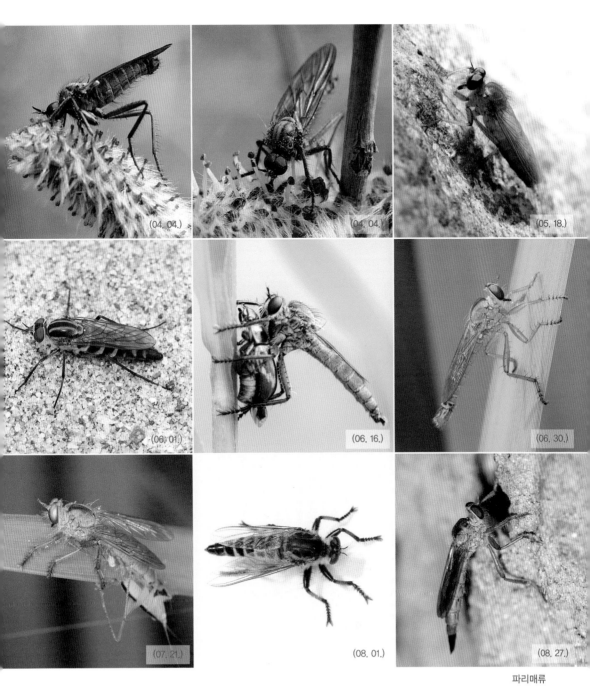

(04. 04.) (04. 04.) (05. 18.)

(06. 01.) (06. 16.) (06. 30.)

(07. 21.) (08. 01.) (08. 27.)

파리매류

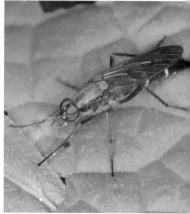

좀파리매류

맵시좀파리매　겹눈에 독특한 무늬가
있으며 배에 하얀색 고리 무늬가 나타
난다.

● 재니등에과(파리매하목 파리매상과)

재니등에는 파리매상과 재니등에과에 속합니다. 이른 봄부터 보이는 종도 있
고, 색상이나 모양도 매우 다양한 무리입니다. 날개의 무늬도 독특하고요. 산
지나 평지의 다양한 곳에서 볼 수 있습니다.

빌로오도재니등에 몸길이는 8~12mm, 이른 봄부터 활동한다.

빌로오도재니등에　온몸에 긴 황갈색 털이 있으며 날개 앞쪽에
독특한 흑갈색의 띠무늬가 나타난다.

빌로오도재니등에 성충은 4~5월, 9~10월에 나타난다.

빌로오도재니등에 공중에 뜬 채로 긴 주둥이를 이용해 꿀을 빨아 먹는다.

빌로오도재니등에 온몸에 난 벨벳(빌로도) 같은 털과 긴 주둥이가 특징이다.

빌로오도재니등에 성충으로 월동하며 이른 봄에 제비꽃, 진달래, 양지꽃, 애기똥풀 등 다양한 꽃에서 꿀을 먹는다.

빌로오도재니등에 짝짓기 오른쪽 큰 개체가 암컷이다. 수컷의 털은 약간 연한 황백색이다.

날개점박이재니등에 빌로오도재니등에와 비슷하게 생겼지만 날개 무늬가 다르다. 이름처럼 날개에 점박이 무늬가 있다.

날개점박이재니등에 이른 봄부터 활동한다. 성충으로 월동하는 것으로 보인다. 2017년 신종 등록되었다는 자료가 있다.

털보재니등에 몸길이는 8∼14mm, 온몸에 회백색 긴 털이 덮여 있다. 이른 봄부터 활동하며 1년에 1회 나타난다. 지상에서 1∼2m 높이의 꽃에서 정지비행하며 꿀을 빠는 모습이 자주 보인다. 주로 흰색과 붉은색 꽃에 모인다.

밤에 거꾸로 매달려 휴식을 취하는 털보재니등에로 보이는 개체

온점재니등에 몸길이는 9∼15mm, 전체적으로 검은색이다. 다양한 꽃에서 꿀을 빨아 먹는다.

은점재니등에 배는 넓적하며 윗면에 하얀색 점무늬가 선명하다.

은점재니등에 날개는 시작 부분부터 절반 정도까지 검은색이며 나머지는 투명하다.

은점재니등에 성충으로 월동하며 봄부터 활동한다.

은점재니등에 탕재니등에로 잘못 기재된 자료가 많다. 배 윗면에 작고 뚜렷한 흰색 점무늬가 3줄로 나 있어 은점재니등에로 이름 붙인 듯하다. 탕재니등에는 기다란 구기(주둥이)가 없고 날개 무늬도 다르다.

스즈키나나니등에 몸길이는 20mm, 날개편길이는 30mm다. 비교적 큰 재니등에로 산지나 물가 주변에서 작은 곤충을 잡아먹는다.

스즈키나나니등에 뒷다리가 매우 길다. 쌍살벌을 의태한 것으로 보인다.

● 춤파리과(파리매하목 춤파리상과)

춤파리는 파리매하목 춤파리상과에 속합니다. 수컷이 암컷에게 선물을 주는 파리로 유명하지요. 이들 가운데 어떤 수컷은 다리에서 실을 뽑아내 풍선 같은 공기주머니를 실로 포장하여 암컷에게 선물한다고 합니다.

　실 꾸러미 안에는 살아 있는 하루살이류 같은 먹이가 있기도 하고 그냥 비어 있기도 합니다. 암컷이 수컷에게 받은 실 꾸러미를 푸는 동안 수컷은 짝짓기를 한다고 합니다. 게다가 실 꾸러미 안에 먹이 선물이 들어 있으면 암컷이 먹는 동안에도 짝짓기를 하니 더 오래 짝짓기를 할 수 있습니다. 어떤 종은 실 꾸러미 없이 파리매처럼 먹이 선물을 그냥 주기도 합니다. 다리에 실 같은 털이 많은 개체가 암컷입니다. 여기에서는 춤파리류라는 이름으로 사진만 싣는 것으로 자세한 설명을 대신합니다.

(05. 12.)　(05. 24.)

춤파리류

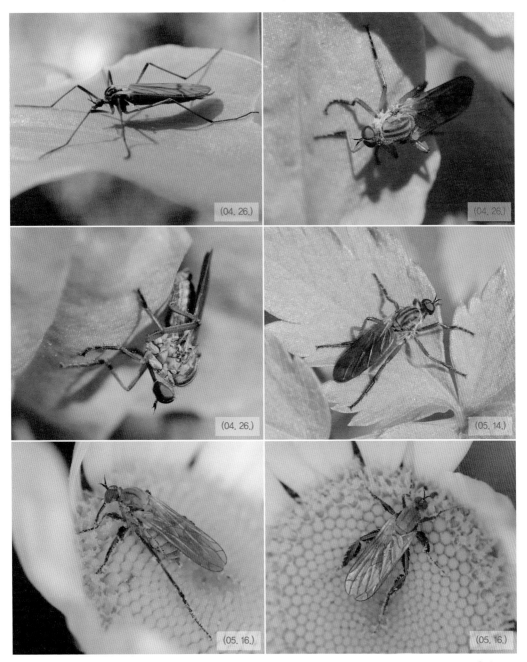

(04. 26.)

(04. 26.)

(04. 26.)

(05. 14.)

(05. 16.)

(05. 16.)

춤파리류

● 장다리파리과(파리매하목 춤파리상과)

장다리파리 몸길이는 5~6mm다. 몸에 청록색의 금속광택이 있다.

장다리파리 이름처럼 다리가 길다.

장다리파리 머리가 가슴보다 넓다.

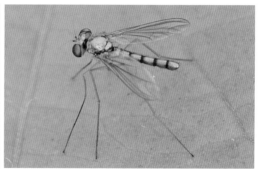

장다리파리 수컷 추정 개체

장다리파리 옆에서 보면 다리가 정말 기다랗다.

장다리파리 암컷 배 끝에 산란관이 보인다. 수컷보다 몸이 통통하다.

장다리파리 날개는 투명하며 별다른 무늬가 없다. 얼룩장다리
파리와 구별된다.

얼룩장다리파리 몸길이는 6mm 내외다.

얼룩장다리파리 날개에 얼룩무늬가 있는 것이 장다리파리와
다르다.

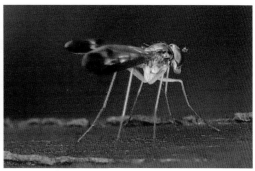

얼룩장다리파리 장다리파리처럼 다리가 매우 길다.

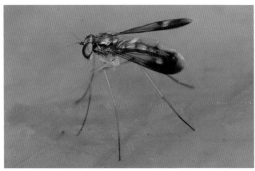

얼룩장다리파리 몸이 초록색으로 빛나며 겹눈에 붉은빛이 돈다.

얼룩장다리파리 주로 낮에 활동하지만 밤에도 가끔 보인다.

● 꼽추등에과(파리매하목 어리재니등에상과)

꼽추등에 몸길이는 10~12mm다. 가슴이 볼록하게 솟아 있어   꼽추등에가 토끼풀에서 먹이 활동을 하고 있다.
붙인 이름이다. 1년에 1회 나타나며 애벌레나 번데기로 겨울을
나는 것으로 알려졌다. 5월 4일에 만난 개체다.

꼽추등에 짝짓기

■ 꽃등에상과(집파리하목)

우리나라에 사는 꽃등에류는 적어도 174종 이상이 된다고 알려졌으며 색깔과 무늬가 매우 다양합니다. 벌을 의태한 종들이 많기 때문에 벌과 혼동되기도 하지만 벌보다는 더듬이가 짧아 구별됩니다.

커다란 겹눈이 수컷은 붙어 있고 암컷은 떨어져 있습니다. 주둥이는 먹이를 녹여서 핥아 먹기에 적합하게 생겼습니다. 성충은 대부분 꽃가루를 먹으며 애벌레는 균을 먹거나 다양한 식물을 먹습니다. 일부 종은 진딧물을 먹는다고 알려졌습니다.

좀넓적꽃등에 몸길이는 11~12mm, 4~10월에 활동한다.

좀넓적꽃등에 겹눈에 짧은 흰색 털이 없는 것으로 비슷하게 생긴 털좀넓적꽃등에와 구별된다.

좀넓적꽃등에 배마디의 노란색 무늬가 넓으며 제2,3마디의 노란색 무늬가 거꾸로 된 터널 모양이다.

털좀넓적꽃등에 몸길이는 11〜12mm, 3〜11월에 보인다. 배 윗면의 노란색 줄무늬가 좁고 직선에 가까워 좀넓적꽃등에와 구별된다.

털좀넓적꽃등에 겹눈에 짧고 흰털이 있는 것이 좀넓적꽃등에와 구별된다.

털좀넓적꽃등에(추정)

털좀넓적꽃등에(추정)

검정넓적꽃등에 몸길이는 10~12mm, 성충은 5~10월에 보인다. 배는 광택이 있는 흑청색이고 은회색 띠무늬가 있다. 개체마다 조금씩 차이가 있다.

검정넓적꽃등에 앞가슴등판 가장자리와 배 옆면에 흰색 털이 나 있다.

두줄꽃등에 몸길이는 12~14mm, 4~10월에 보인다. 배는 광택이 있는 검은빛이며 노란색 띠무늬는 가운데가 끊어진 모양이다. 띠무늬는 좌우 대칭이며 거꾸로 된 터널 모양이다.

얼룩무늬노랑꽃등에 몸길이는 14~17mm, 9월 20일 만난 개체다. 겹눈이 떨어져 있어 암컷이다. 몸은 황색이며 구릿빛 가슴등판에 짙은 갈색 세로줄 무늬가 3줄 나타난다.

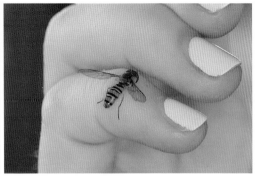

호리꽃등에 몸길이는 11~12mm다. 4~11월에 우리 주변에서 가장 많이 보이는 꽃등에의 한 종이다.

호리꽃등에의 크기를 짐작할 수 있다.

호리꽃등에 수컷 겹눈이 붙어 있다.

호리꽃등에 암컷 겹눈이 떨어져 있다.

호리꽃등에 가슴등판은 광택이 나는 구릿빛이며 세로줄 무늬가 나타난다.

호리꽃등에 배 윗면 무늬는 개체마다 차이가 있다. 보통 검은색의 굵은 줄무늬와 가는 줄무늬가 번갈아 있고 그 사이가 은회색이라 화려해 보인다. 봄과 가을에 나타나는 개체는 검은색 띠무늬가 굵고 여름에 나타나는 개체는 상대적으로 가늘다.

호리꽃등에 옆모습 배가 홀쭉하다. 더듬이가 굵고 짧다.

호리꽃등에 애벌레 목화진딧물 등 40여 종의 진딧물을 먹는 것으로 알려졌다.

호리꽃등에 번데기

호리꽃등에 이른 봄부터 늦가을까지 전국 어디서나 관찰된다.

꽃양귀비에 날아드는 호리꽃등에

변산바람꽃에 있는 호리꽃등에

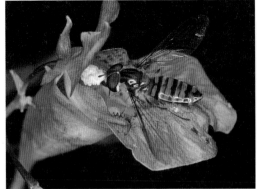

물봉선 꽃에 있는 호리꽃등에

자주쓴풀에 있는 호리꽃등에

큰구슬붕이에 있는 호리꽃등에

국화과 꽃에 있는 호리꽃등에

가로무늬꽃등에 몸길이는 12~13mm다. 배 윗면에 흰색 가로줄 무늬가 선명해서 붙인 이름이다.

가로무늬꽃등에 이른 봄부터 하얀 꽃에서 주로 보이며 1년에 3~4회 나타난다. 애벌레는 진딧물을 사냥하는 포식자다.

■■■ 별넓적꽃등에 몸길이는 8~10mm, 4~10월에 보인다. 배 윗면에 노란색 무늬가 3쌍 있으며 배 끝마디에 있는 검은색 무늬가 동그랗다. 끝부분 전체가 검은색이면 육점박이꽃등에다.

■■■ 별넓적꽃등에의 크기를 짐작할 수 있다. 갯메꽃 위에 앉아 있다.

■■■ 별넓적꽃등에 1년에 2~4회 나타나며 애벌레는 진딧물을 잡아먹는다고 알려졌다.

물결넓적꽃등에 몸길이는 10〜12mm다. 배 윗면의 제2,3마디의 노란색 줄무늬가 거의 붙어 있어 별넓적꽃등에와 구별된다. 배 끝에 검은색 동그란 무늬가 나타난다.

물결넓적꽃등에 이른 봄부터 늦가을까지 활동한다. 이른 봄 진달래에서 꿀을 먹고 있다.

명월넓적꽃등에 수컷 몸길이는 11〜14mm다. 배 윗면 가운데에 안대 모양의 노란색 무늬가 나타나며 배 위쪽에 사선으로 노란색 무늬가 한 쌍 있다. 배 끝은 검은색이며 그 앞에 검은색의 반원 무늬가 있다.

꼬마꽃등에 몸길이는 8〜9mm, 4〜11월에 활동한다. 괭이밥에 찾아들었다.

꼬마꽃등에 암컷 겹눈이 떨어져 있다. 가슴등판 가장자리가 노란색이다.

꼬마꽃등에 암컷 작은방패판은 노란색이며 다리도 노란색이다.

꼬마꽃등에 수컷 배는 원통형이며 뒤로 갈수록 색이 진하다. 배 끝에 있는 띠무늬가 쟈바꽃등에와 다르다.

꼬마꽃등에 짝짓기 날개를 편 개체가 수컷이다. 위험한 순간에 바로 날아오르기 위한 자세인 듯하다.

꼬마꽃등에 짝짓기 옆에서 관찰한 모습이다.

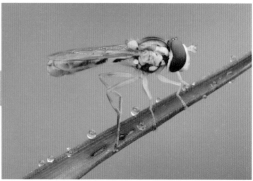

꼬마꽃등에 수컷이 날개를 말리고 있다.

쟈바꽃등에 몸길이는 8~10mm, 성충은 5~10월에 보인다.

쟈바꽃등에 배 끝에 점무늬 4개가 있어 꼬마꽃등에와 구별된다.

쟈바꽃등에 애벌레는 진딧물을 잡아먹고 성충은 꽃가루를 먹는다.

쟈바꽃등에 가슴등판 가장자리의 노란색이 선명하다.

광붙이꽃등에 몸길이는 7~8mm, 성충은 4~10월에 보인다.

광붙이꽃등에 배마디에 노란색 무늬가 양쪽으로 대칭이다. 암컷은 삼각형에 가깝고 수컷은 직사각형 형태다.

광붙이꽃등에 애벌레는 다양한 진딧물을 먹고 성충은 꽃가루를 먹는다. 4월초 길마가지나무 꽃에 찾아들었다.

광붙이꽃등에 5월에 본 모습이다. 진딧물이 모인 곳에서 꽃가루를 먹고 있다.

알통다리꽃등에 몸길이는 7~9mm, 성충은 5~10월에 보인다.

알통다리꽃등에 수컷 뒷다리의 넓적다리마디가 알통 다리이며 안쪽에 톱니 모양의 돌기가 있다.

알통다리꽃등에 주둥이를 손질하고 있다. 주둥이가 상당히 길다.

알통다리꽃등에 애벌레는 퇴비나 거름 등 부패한 유기물을 먹고 성충은 꽃가루를 먹는다.

알통다리꽃등에 암컷 수컷과 달리 겹눈이 떨어져 있다. 뒷다리의 넓적다리마디가 알통 다리다. 꽃에 앉아 꽃가루를 먹고 있다.

알락허리꽃등에 몸길이는 12mm 내외로 성충은 5~8월에 보인다.

알락허리꽃등에 암컷 겹눈이 떨어져 있다. 뒷다리의 넓적다리마디 3분의 2 부분이 적황색이다. 수컷은 기부 부분만 적황색이다.

알락허리꽃등에 평균곤은 연한 미색이다(동그라미 친 부분).

홍다리꽃등에 몸길이는 15~17mm다. 뒷다리의 넓적다리마디가 알통 다리이며 기부가 붉은색이다.

홍다리꽃등에 수컷 겹눈이 붙어 있다. 암컷도 겹눈만 떨어졌을 뿐 비슷하게 생겼다.

루리허리꽃등에 몸길이는 10~20mm다.

루리허리꽃등에가 환삼덩굴 잎에 앉아 있다. 크기를 짐작할 수 있다.

■■■ 루리허리꽃등에 옆에서 본 모습 허리가 잘록하다. 몸은 검은색이며 광택이 난다. 수컷은 겹눈이 붙어 있다.

■■■ 루리허리꽃등에 암컷 겹눈이 떨어져 있다.

■■■ 루리허리꽃등에 가슴등판과 작은방패판은 광택이 나는 청동색이며 겹눈 사이 뒤쪽으로 광택이 나는 푸른빛이 보인다. 각 다리의 종아리마디가 하얀색이며 뒷다리의 넓적다리마디는 알통 다리다.

■■■ 쌍점박이꽃등에 날개에 작은 반점 두 개가 있어 붙인 이름이다.

■■■ 쌍점박이꽃등에 몸은 광택이 나는 검은색이며 온몸에 부드럽고 긴 황갈색 털이 덮여 있다. 뒷다리의 넓적다리마디가 알통 다리다. 3~6월에 주로 보이며 애벌레는 활엽수의 썩은 구멍에서 발견된다고 한다.

■■■ 쌍점박이꽃등에 뒷다리의 종아리마디 기부는 적갈색이다.

■■■ 이른 봄 생강나무 꽃에서 열심히 꿀을 먹고 있는 쌍점박이꽃등에

■■■ 쌍점박이꽃등에 날개 양쪽에 점 두 개가 선명하게 보인다.

넉점박이꽃등에 몸길이는 8~12mm, 성충은 5~10월에 보인다.

넉점박이꽃등에 수컷 배의 노란색 무늬가 커서 점무늬처럼 보인다. 이 무늬가 수컷은 붙어 있고 암컷은 떨어져 있어 쌍을 이룬다.

넉점박이꽃등에 수컷 배가 홀쭉하다.

넉점박이꽃등에 암컷

검정대모꽃등에 몸길이는 16~19mm, 성충은 6~9월에 보인다.

검정대모꽃등에 배 윗면 앞에 있는 하얀색 띠무늬 가운데가 살짝 벌어진 점이 어리대모꽃등에나 애대모꽃등에와 구별된다.

검정대모꽃등에 평균곤은 흰색이며 배에 있는 하얀색 띠무늬는 윗면보다 아랫면이 더 넓다. 몸은 검은색이며 광택이 있다.

검정대모꽃등에 날개 앞쪽은 황색이며, 날개 가운데쯤에 커다란 검은색 무늬가 있다.

검정대모꽃등에 낮에 주로 활동하지만 가끔 밤에 불빛에도 찾아든다.

애대모꽃등에 몸길이는 14~16mm다. 제2 배마디가 전체적으로 넓은 하얀색 띠를 이루는 것이 검정대모꽃등에와 구별된다.

애대모꽃등에 성충은 5~9월에 꽃에서 꿀을 먹는 모습이 보이며 애벌레는 같은 속의 애벌레 특징처럼 벌집에서 기생하는 것으로 추정된다.

니토베대모꽃등에 몸길이는 19~21mm다. 앞가슴등판에 검은색 세로줄 무늬가 있다.

니토베대모꽃등에 적갈색을 띠는 겹눈은 매우 크며 주둥이도 적갈색이다. 겹눈이 떨어져 있는 것으로 보아 암컷이다.

니토베대모꽃등에 수컷 앞가슴등판의 무늬와 날개의 얼룩무늬로 비슷하게 생긴 장수말벌집대모꽃등에와 구별한다.

니토베대모꽃등에 성충은 꽃꿀을 먹지만 애벌레는 말벌류 집이나 근처 땅에서 살면서 죽은 벌이나 먹이 찌꺼기를 먹고 산다.

니토베대모꽃등에 가슴과 다리는 적갈색 또는 황갈색이며 배는 검은색이다.

니토베대모꽃등에 평균곤은 하얀색이며 배 아랫면에도 하얀색 무늬가 보인다.

넓은이마대모꽃등에 이나노대모꽃등에서 넓은이마대모꽃등
에로 국명이 바뀌었다.

넓은이마대모꽃등에 암컷 개망초 꽃꿀을 먹고 있다. 6월에 관찰
한 모습이다.

넓은이마대모꽃등에 주로 낮에 활동하지만 밤에 불빛을 찾아
오거나 수액에 모이기도 한다.

넓은이마대모꽃등에 수액 터에 왔다. 암컷은 말벌류나 뒤영벌류
의 둥지 근처에 알을 낳고 애벌레는 이 둥지들에서 기생생활을
하며 둥지의 청소를 담당한다.

■■■ 쌍형꽃등에 몸길이는 17~20mm로 검은색이며 연한 황색 털이 덮여 있다. 배 윗면에 검은색 띠무늬가 있는 점이 민쌍형꽃등
   에 수컷과 구별된다.
■■■ 쌍형꽃등에 수컷 겹눈이 붙어 있긴 하지만 접합부가 길지 않다.
■■■ 쌍형꽃등에 다리는 검은색이며 뒷다리의 넓적다리마디가 알통 다리다.

민쌍형꽃등에
다리는 검은색이며 뒷다리의 넓적다리마디가 알통 다리다.

민쌍형꽃등에 몸길이는 15~17mm, 성충은 5~7월에 보인다. 배 윗면의 검은색 무늬가 띠를 이루지 않는 점이 쌍형꽃등에 수 컷과 다르다.

민쌍형꽃등에 겹눈이 붙어 있으로 보아 수컷이다. 더듬이 색깔이 쌍형꽃등에와 다르다.

■■■ 스즈키긴꽃등에 몸길이는 18~20mm, 성충은 6~10월에 보인다. 가슴등판 앞 가장자리에 노란색 무늬가 나타난다. 말벌을 의 태한 꽃등에다.
■■■ 스즈키긴꽃등에 배 윗면에 있는 노란색 줄무늬 중 제1,3,5 배마디의 줄이 끊어져 있다
■■■ 스즈키긴꽃등에와 같은 속으로 아직 국명이 정해지지 않았다. 참고용으로 올린다.

삿포로수염치레꽃등에 몸길이는 14~16mm, 성충은 5~9월에 보인다.

삿포로수염치레꽃등에 배 윗면에 가운데가 끊긴 노란색 가로 띠무늬가 4개 있다.

삿포로수염치레꽃등에 수컷 겹눈이 붙어 있다. 삿포로수염치레 꽃등에와 혼동된 일본수염치레꽃등에는 삿포로수염치레꽃등에의 동종이명으로 처리되었다.

수액을 먹고 있는 삿포로수염치레꽃등에

삿포로수염치레꽃등에 암컷은 겹눈이 떨어져 있다.

왕꽃등에 몸길이는 12~16mm, 성충은 4~10월에 보인다.

왕꽃등에 전체적으로 통통해 보이며 배 앞쪽에 노란색 넓은 띠 무늬가 있다.

왕꽃등에 큰 겹눈에 독특한 청회색의 줄무늬가 있다. 각 다리의 종아리마디 위쪽이 은색이다.

왕꽃등에 겹눈이 뚜렷하다. 암컷이다. 수컷과 달리 겹눈 사이가 완전히 떨어져 있다.

왕꽃등에 수컷 얼굴

왕꽃등에 성충은 봄부터 가을까지 다양한 꽃에서 꿀을 먹는다.

왕꽃등에 투명한 날개에 불규칙한 흑갈색 무늬가 나타난다.

검정뒤영꽃등에 암컷 몸길이는 14~17mm다. 호박벌과 비슷하게
생겼지만 더듬이가 짧은 것으로 구별한다. 겹눈이 떨어져 있다.

검정뒤영꽃등에 수컷 겹눈이 붙어 있다.

꽃등에 몸길이는 14~15mm, 성충은
4~11월에 보인다. 배 윗면 앞쪽에 넓은
工(공) 자 무늬가 나타난다.

꽃등에 암컷 겹눈이 떨어져 있다.

꽃등에 수컷 겹눈이 붙어 있다.

꽃등에류 애벌레 꼬리구더기라고도
하며 오염된 물에서 생활한다.

꽃등에류 애벌레 배 끝에 쥐꼬리처럼 생긴 호흡
관이 있고 배 아랫면에 쌍을 이룬 헛발이 있다.

꽃등에 성충은 다양한 꽃에서 보인다. 비
슷하게 생긴 배짧은꽃등에, 덩굴꽃등에와
는 가슴등판과 배 윗면의 무늬로 구별한다.

배짧은꽃등에 몸길이는 12~13mm, 성충은 4~11월에 보인다.
성충은 다양한 꽃에서 보이며 1년에 3~4회 나타난다.

배짧은꽃등에 수컷 겹눈이 붙어 있다.

배짧은꽃등에 암컷 겹눈이 떨어져 있다.

배짧은꽃등에 가슴등판의 색이 연한 부분이 넓은 가로띠처럼 보
이는 것이 비슷하게 생긴 꽃등에와 구별된다.

배짧은꽃등에 암컷 배마디에 있는 노란색 띠무늬는 개체마다
차이가 있다.

배짧은꽃등에 가슴등판의 가로띠가 선명하다.

배짧은꽃등에 배 윗면에 하얀색에 가까운 줄무늬가 선명하게 보인다. 암컷은 주로 잎 주위에 산란하며 애벌레는 진딧물을 사냥하는 포식자다.

배짧은꽃등에 배 윗면에 노란색 띠무늬가 선명하다.

배짧은꽃등에 암컷이 비에 젖은 날개를 말리고 있다.

배짧은꽃등에 옆면

덩굴꽃등에 수컷 몸길이는 11~12mm, 성충은 4~11월에 보인다. 수컷은 겹눈이 붙어 있다.

덩굴꽃등에 암컷 가슴등판의 짙은 부분이 검은색 점무늬처럼 보이는 것이 배짧은꽃등에와 구별된다.

덩굴꽃등에 암컷 성충은 다양한 꽃에서 보인다.

덩굴꽃등에 성충은 꽃꿀을 먹지만 애벌레는 오염된 물에서 생활한다.

수중다리꽃등에 수컷 몸길이는 12~14mm, 성충은 3~11월에 보인다. 뒷다리가 수중다리(알통 다리)라 붙인 이름이다.

수중다리꽃등에 수컷 겹눈이 살짝 떨어져 있다. 배가 뒤로 갈수록 좁아진다.

수중다리꽃등에 암컷 겹눈이 수컷보다 더 떨어져 있다. 배가 둥글다.

수중다리꽃등에 성충은 다양한 꽃에서 보이지만 주로 하얀색 꽃에 많이 모인다.

수중다리꽃등에 수컷 배가 홀쭉하며 배 윗면의 줄무늬가 암컷보다 가늘다.

수중다리꽃등에 짝짓기 5월에 관찰한 모습이다.

수중다리꽃등에 짝짓기 후 암컷은 물가에 알을 낳으며 애벌레는 물속생활을 한다.

노랑배수중다리꽃등에 수컷 몸길이는 10∼14mm, 성충은 5∼8
월에 보인다. 수중다리꽃등에와 가슴등판의 무늬가 다르다.

노랑배수중다리꽃등에 암컷 배가 노란색이라 수중다리꽃등에와
구별된다.

노랑배수중다리꽃등에가 고마리 잎 위에 앉아 있다.
크기를 짐작할 수 있다.

노랑배수중다리꽃등에가 아까시나무 잎 위에 앉아 있다.

노랑배수중다리꽃등에 뒷다리의 넓적 다리마디가 알통 다리다.

노랑배수중다리꽃등에 가슴등판에 하얀색 세로줄 무늬가 있고, 개체마다 차이가 있다.

노랑배수중다리꽃등에(흑색형) 가끔 배가 노란색이 아닌 검은색이 보인다.

참루리꽃등에 몸길이는 7~10mm다. 눈루리꽃등에와 비슷하게 생겼지만 가슴등판에 회색 줄무늬가 5개 있어 참루리꽃등에로 추정된다.

참루리꽃등에 암컷 가슴등판에 세로줄 무늬가 5개 있으며 겹눈에 작은 점들이 촘촘해 얼룩져 보인다. 겹눈이 떨어져 있다.

꼬리조팝나무에 앉아 있는 참루리꽃등에 수컷

참루리꽃등에 수컷 9월에 만난 개체다.

참루리꽃등에 수컷

참루리꽃등에 수컷 겹눈이 붙어 있다.

민허리벌꽃등에 몸길이는 15mm 내외다. 더듬이가 여느 꽃등에류와 달리 길다. 특히 제1 더듬이마디가 가늘고 길다. 더듬이 끝이 붓처럼 부풀었다. 몸은 검은색이며 광택이 난다. 배 윗면에 노란색 띠무늬가 나타나며 날개 앞쪽은 짙은 색으로 날개가 반반 다른 색이다. 멀리서 보면 벌처럼 보인다.

맵시꽃등에 학명은 *Sericomyia dux* Stacklberg이며, 이름 외에 생태 정보가 없다.

맵시꽃등에 배 윗면에 있는 노란색 가로띠는 가운데가 끊어진 형태이며, 배 끝은 노란색 띠무늬가 넓게 연결되어 있다.

맵시꽃등에 할미밀망 꽃에서 먹이 활동을 하고 있다. 5월 말에 관찰한 모습이다.

■ 들파리상과(집파리하목)

꼭지파리, 대모파리, 들파리 등이 속한 분류군입니다.

대모파리 몸길이는 15~20mm, 성충은 5~10월에 보인다.

대모파리 가슴등판에 세로줄 무늬가 있으며 날개에 흑갈색 점무늬가 흩어져 있다. 이 무늬가 대모거북의 무늬와 비슷해서 붙인 이름이다.

대모파리 가슴등판과 날개는 황갈색이지만 배 윗면은 검은색이다.

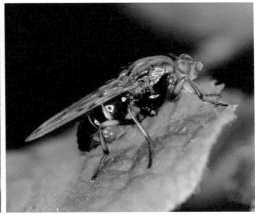

대모파리 광택이 나는 검은색 배에 하얀색 줄무늬가 있으며 배 아랫면에 하얀색이 넓게 퍼져 있다.

대모파리 성충은 6~10월에 많이 보인다. 국수나무 잎에 앉아 있다. 크기를 짐작할 수 있다.

대모파리 짝짓기 10월에 관찰한 장면이다.

대모파리 벌을 의태한 파리다. 성충은 꽃가루를 먹는다고 알려졌다. 수분 매개 곤충이다.

뿔들파리 몸길이는 7~10mm다. 몸은 전체적으로 푸른빛을 띤 검은색이다.

뿔들파리의 크기를 짐작할 수 있다.

뿔들파리 얼굴 부분이 오목하며 아랫부분은 늘어나 있다.

뿔들파리 겹눈에 독특한 줄무늬가 있으며 겹눈 사이와 가슴등판에도 무늬가 나타난다. 각 다리의 넓적다리마디는 황갈색이다. 더듬이 끝이 뿔처럼 갈라져 붙인 이름이다. 봄부터 보이기 시작한다.

들파리류 뿔들파리와 비슷하게 생겼지만 색깔과 무늬가 다르다. 겹눈 사이에 검은색 점이 2개 있다. 참고용으로 싣는다.

들파리류의 짝짓기 7월에 관찰한 모습이다.

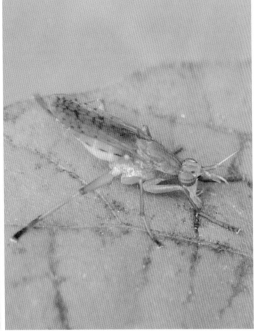

들파리류 짝짓기 5월에 관찰한 모습이다.

들파리류 들파리 종류로 추정되는 개체다. 참고용으로 올린다.

■ 벌붙이파리상과(집파리하목)

벌붙이파리는 이름 그대로 벌을 닮은 파리입니다. 말벌이나 쌍살벌 종류를 의태했지만 벌과 달리 뒷날개 자리에 평균곤이 있고 더듬이도 짧아서 구별됩니다. 하지만 같은 벌붙이파리끼리는 구별하기가 어렵습니다.

여기에서는 대표종으로 '조잔벌붙이파리*Conops flavipes* Linne'('벌붙이파리*Conops curtulus* Coquillett, 1898'일 수도 있음)에 대한 설명만 하고 나머지는 벌붙이파리류로 이름표를 달고 사진을 싣는 것으로 대신합니다.

조잔벌붙이파리 몸길이는 10mm 내외, 날개편길이 14mm 내외다. 성충은 주로 여름에 나타나며 1년에 1회 보인다.

조잔벌붙이파리 암수 9월에 관찰한 모습이다.

조잔벌붙이파리 더듬이는 검은색이며 머리 길이보다 조금 길다.

388

벌붙이파리류 조잔벌붙이파리
와 비슷하게 생겼지만 무늬와
색이 다르다.

(05. 24.)

(08. 19.)

(08. 31.)

(09. 12.)

(10. 08.)

벌붙이파리류

■ 좀파리상과(집파리하목)

우리나라에 사는 좀파리에는 좀파리와 민날개좀파리가 있습니다. 날개에 얼
룩무늬가 있으면 좀파리, 없으면 민날개좀파리입니다. 가슴등판의 점무늬로
도 구별하는데 세로줄 무늬 사이로 점무늬가 있으면 좀파리이고, 점무늬 없
이 세로줄 무늬만 있으면 민날개좀파리입니다. 주로 나무 수액이 흐르는 곳
에서 볼 수 있습니다.

민날개좀파리 몸길이는 0.8~1.3mm다. 참나무류, 느티나무 등
수액에서 6~10월에 많이 보인다. 가슴등판에 세로줄 무늬가
있으며 날개는 투명하다. 날개에 얼룩무늬가 없는 것으로 좀파
리와 구별한다.

민날개좀파리 각 다리의 넓적다리마디에 황갈색 고리 무늬가
있다.

민날개좀파리 배 아랫면은 윗면과 달리 미색이다.

민날개좀파리 장다리수액파리라고도 알려졌지만 수액파리류는
앞다리가 훨씬 짧다고 한다.

민날개좀파리 수액 먹기

■ 초파리상과(집파리하목)

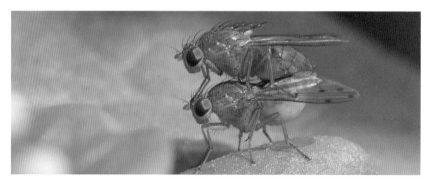

황금초파리 짝짓기 4월 말에 관찰한 모습이다. 날개에 점무늬가 있다. 몸길이는 5.4mm다.

황금초파리로 추정되는 개체

산골황금초파리 날개가 검은빛을 띠며 무늬가 없는 것으로 황금초파리와 구별한다. 몸길이는 3~3.5mm다.

■ 큰날개파리상과(집파리하목)

이름처럼 날개가 큰 파리 집안입니다. 다양한 색과 무늬가 있으며 어떤 종은 과실파리와 날개 무늬가 비슷해서 혼동하기 쉽습니다.

검정큰날개파리 몸길이는 4~5mm, 성충은 6~9월에 보인다. 위에서 보면 몸이 반만 있는 것처럼 보인다.

검정큰날개파리 먹을 땐 주둥이가 길게 늘어난다.

검정큰날개파리 머리는 검은색이며 더듬이는 황갈색이다. 온몸에 황갈색 가루가 덮여 있다. 큰날개파리과답게 날개가 매우 크다. 몸은 전체적으로 검은색이다.

꼬마큰날개파리 몸길이는 4mm 내외, 성충은 3~10월에 보인다. 날개가 매우 크다.

꼬마큰날개파리 이른 봄 생강나무 꽃에서 꽃가루를 먹고 있다.

꼬마큰날개파리 평균곤은 연한 미색이다.

꼬마큰날개파리 가슴등판과 날개에 흑갈색 무늬가 흩어져 있다. 배 윗면에도 흑갈색 무늬가 흩어져 있다.

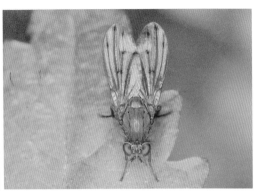

꼬리꼬마큰날개파리 몸길이는 3~5mm. 몸은 황갈색이며 날개가 투명하고 크다. 날개에 검은색 점무늬가 있다.

꼬리꼬마큰날개파리 날개 무늬가 조금 다르다. 개체마다 차이가 있는 것으로 보인다.

꼬리꼬마큰날개파리 겹눈은 몸보다 진한 황갈색이며 배마디에 띠무늬가 나타난다.

검정가슴큰날개파리 검정큰날개파리와는 가슴등판의 색과 겹눈 사이의 무늬로 구별한다.

검정가슴큰날개파리 겹눈 사이의 무늬가 독특하다.

검정가슴큰날개파리 배설물을 먹고 있다.

■ 과실파리상과(집파리하목)

이 무리에는 과실파리, 알락파리, 띠날개파리 등이 있습니다. 무늬가 화려한 종이 많고 독특하게 생긴 종도 많습니다. 이름이 재미있는 파리들도 많지요.

● 알락파리과(과실파리상과)

날개알락파리 몸길이는 14mm 내외, 개체마다 크기가 다양하다. 성충은 5~8월에 많이 보인다.

날개알락파리 얼굴은 황갈색이며 주둥이는 앞으로 크게 튀어나왔다.

날개알락파리의 크기를 짐작할 수 있다.

날개알락파리 주둥이 마치 방독면을 쓴 것 같다.

날개알락파리 얼굴

날개알락파리 수컷 배 아랫면이 갈색이다.

날개알락파리 암컷 배 아랫면이 하얀
색이다.

날개알락파리 성충은 동물의 배설물에 무리로 모여 있는 것이 자주 보인다. 애벌레는 부식물을 먹는다고 알려졌다.

날개알락파리 다른 알락파리들에 비해 크기가 크다.

날개알락파리 날개에 독특한 무늬가 나타나는데 개체마다 차이가 있다.

만주참알락파리 몸길이는 11mm 내외, 성충은 5~10월에 주로 보인다.

만주참알락파리 날개알락파리와 비슷하게 생겼지만 머리 색깔과 날개 무늬가 다르다. 주둥이는 진한 갈색이며 길게 튀어나왔다.

만주참알락파리 겹눈에 독특한 줄무늬가 있다.

만주참알락파리 가슴등판과 배 윗면에 자잘한 흑갈색 점무늬가 흩어져 있어 얼룩덜룩해 보인다. 비슷한 곳에 있으면 보호색 역할을 한다.

만주참알락파리 새똥에 모여 있는 성충들이 종종 보인다.

만주참알락파리 짝짓기 6월에 관찰한 모습이다.

알락파리 만주참알락파리와 비슷하지만 가슴등판의 무늬가 다르다.

알락파리 여름 밤에 불빛에 찾아든 개체다.

알락파리류 겹눈에 독특한 무늬가 있고 배 끝에 노란 줄무늬가 있다.

(06. 05.)

알락파리류 만주참알락파리 무늬 변이종이라는 자료가 있지만 확실치 않아 여기에서는 알락파리류로 표기한다.

(06. 12.)

알락파리류 옆 사진과 겹눈의 무늬가 비슷하나 색이 다르다. 배 뒤에 하얀색 줄무늬가 있는 점도 다르다.

끝검정콩알락파리 몸길이는 4mm 내외, 날개에 가로 띠무늬가 선명하다.

끝검정콩알락파리 배 윗면에 배마디 덮개 같은 무늬가 있는데 개체마다 색깔 차이가 있다.

끝검정콩알락파리 몸은 전체적으로 주황빛이며 6~7월에 많이 보인다. 성충은 배설물에 모인다. 애벌레가 콩과 식물을 먹는다고 알려졌다.

끝검정콩알락파리 작은방패판 끝이 검은색을 띠는 것이 배무늬콩알락파리와 구별된다.

배무늬콩알락파리 끝검정콩알락파리와 비슷하게 생겼지만 작은방패판 끝이 검은색이 아니다.

배무늬콩알락파리 몸길이는 4mm 내외, 배에 검은색 줄무늬가 나타난다.

알린콩알락파리 몸길이는 4~5mm, 성충은 6~7월에 많이 보인다. 몸은 전체적으로 광택이 나는 검은색이며 날개에 독특한 검은색 줄무늬가 나타난다.

알린콩알락파리 성충은 배설물에 모이지만 애벌레는 콩과 식물을 먹는다.

알린콩알락파리의 크기를 짐작할 수 있다.

배설물에 모인 알린콩알락파리

알린콩알락파리 암수 앞에 있는 큰 개체가 암컷이다.

알린콩알락파리 짝짓기 6월 말에 관찰한 모습이다.　알린콩알락파리 주둥이는 검은색이며 길게 튀어나왔다.

검정길쭉알락파리 날개 가장자리는 노란색이 섞인 암갈색이다.　검정길쭉알락파리 몸길이는 13~15mm, 성충은 6~8월에 주로 보인다.　검정길쭉알락파리 몸은 전체적으로 금속광택이 나며 길쭉하다.

민무늬콩알락파리 몸길이는 7~10mm, 성충은 6~8월에 보인다.　민무늬콩알락파리 날개 끝부분에 검은색 점이 있다. 검정길쭉알락파리와 구별된다. 몸은 광택이 나는 초록색이며 주둥이가 길게 튀어나왔다.

● 과실파리과(과실파리상과)

박쥐날개과실파리 몸길이는 5～7mm다. 날개에 박쥐날개가 연상되는 무늬가 있어 붙인 이름이다.

박쥐날개과실파리 아직 기주식물 등 생태 정보가 많지 않다. 5월에 관찰한 모습이다.

박쥐날개과실파리 겹눈은 에메랄드빛이며 독특한 줄무늬가 있다. 몸은 전체적으로 광택이 나는 검은색이며 가슴등판에 회색빛 세로줄 무늬가 2줄 있다. 배 윗면엔 특별한 무늬가 없다.

박쥐날개과실파리 겹눈에 가로줄 무늬가 2줄 나타나며 연한 노란색의 주둥이는 길게 튀어나왔다. 평균곤은 연한 노란색이다.

5월말 계곡 주변에서 관찰한 박쥐날개과실파리 새똥을 먹고 있다.

국화과실파리 몸길이는 3.5~5mm, 전체적으로 회색빛이 난다.

국화과실파리의 크기를 짐작할 수 있다.

국화과실파리 먹이식물로 동백나무, 국화, 산국 등이 알려졌다.

국화과실파리 가슴등판에 검은색 점이 있고 날개엔 물방울 무늬가 흩어져 있다.

고들빼기과실파리 애벌레가 이고들빼기와 지리고들빼기를 먹는다고 알려졌다. 국화과실파리와 비슷하지만 날개 무늬가 다르다.

어리과실파리 알린콩알락파리와 비슷하게 생겼지만 겹눈과 날개 무늬가 다르다.

어리과실파리 몸은 광택이 나는 검은색이며 날개에 검은색의 독특한 무늬가 있다.

노랑과실파리 암깃 산란관은 광택이 나는 적갈색이며 끝이 검은색이다.

노랑과실파리 몸은 전체적으로 황갈색이며 날개에 검은색의 독특한 무늬가 있다. 엉겅퀴류가 먹이식물로 알려졌다.

노랑과실파리 수컷 배 끝에 산란관이 없다.

호박과실파리 호박류가 먹이식물로 알려졌다. 가끔 수박류를 먹기도 한다.

호박과실파리 암컷 산란관은 적갈색이다. 날개 끝에 검은색 점무늬가 있다. 가슴등판에는 다양한 노란색 무늬가 있다

닮은줄과실파리 몸길이는 8~9mm, 성충은 5~11월에 보인다. 작은방패판 가운데와 가슴등판 뒤쪽에 노란색 점이 있어 줄과실파리와 구별된다. 줄과실파리는 가슴등판 뒤가 검은색이다.

닮은줄과실파리 암컷 산란관은 광택이 나는 검은색이다.

닮은줄과실파리 수컷 배 끝에 산란관이 없다.

● 띠날개파리과(과실파리상과)

밀가루띠날개파리 몸 전체에 밀가루를 바른 듯해서 붙인 이름이다.

밀가루띠날개파리 낮에 활동하지만 밤에 불빛에도 잘 날아온다.

밀가루띠날개파리 6월에서 8월에 주로 보인다.

밀가루띠날개파리 가슴등판은 회색이며 날개에 검은색 점무늬가 흩어져 있다.

네띠날개파리 날개에 띠무늬가 네 개 있어 붙인 이름이다.

네띠날개파리 가슴등판은 회색이며 배 윗면이 검은색이다.

네띠날개파리 낮에 활동하지만 밤에 불빛에도 잘 찾아든다.

띠날개파리과(Ulidiidae과 *Physiphora alceae*) 아직 우리나라 국명이 없다.

띠날개파리과(Ulidiidae과 *Physiphora alceae*) 짝짓기 8월 초 하천가에서 관찰한 장면이다.

띠날개파리과(Ulidiidae과 *Physiphora alceae*)의 크기를 짐작할 수 있다.

● 검정파리과(집파리하목 쇠파리상과)

점박이초록파리 몸길이는 5~7mm다. 이전에 점박이꽃검정파리라고 불렸으나 국명이 바뀌었다.

점박이초록파리 가슴등판은 광택이 나는 초록빛이며 몸 전체에 검은색 점이 박혀 있어 붙인 이름이다.

점박이초록파리 날개 끝에 검은색 무늬가 있다.

점박이초록파리 다양한 꽃에서 꽃가루를 핥아먹는 것이 쉽게 보인다.

점박이초록파리 수컷 겹눈이 붙어 있다.

점박이초록파리 암컷 겹눈이 떨어져 있으며 그 사이에 검은색 점이 많이 박혀 있다.

점박이초록파리 겹눈에 가로줄 무늬가 선명하며 배 아래 쪽에 무수히 많은 점들이 박혀 있다. 주둥이에 꽃가루가 잔뜩 묻어 있다.

점박이초록파리 성충은 6∼11월에 보인다.

초록파리 몸길이는 9mm 내외. 성충은 7∼10월에 보인다.

초록파리 가슴등판은 황초록이며 배는 짙은 초록이다.

초록파리 '검정'이라는 단어는 없지만 검정파리과다.

초록파리가 개망초의 꽃가루를 핥아먹고 있다. 크기를 짐작할 수 있다.

초록파리 점박이초록파리와 비슷하게 생겼지만 몸에 점이 없고 겹눈이 다르다.

초록파리 겹눈은 짙은 갈색이며 무늬는 없고 금색 테두리가 있다.

큰검정파리 몸길이는 12~13mm다. 전체적으로 검은색이지만 배 윗면에 푸른빛이 난다. 주로 습지에 서식한다. 똥과 썩은 고기에 모이며 산란율과 번식률이 높다.

큰검정파리 얼굴의 앞쪽은 갈색이며 회색 가루로 덮여 있다.

큰검정파리 이른 봄에 나타나 초여름 전에 자취를 감추고 늦가을에 나타나서 11월 하순까지 양지바른 곳에서 산다. 늦가을에는 암컷이 많이 보이고, 한여름에는 산으로 이동하여 높은 곳에서 산다.

큰검정파리 이른 봄에 버드나무에서 꽃가루를 먹고 있다.

검정파리과에는 다양한 종류의 '금파리'가 있습니다. 모두 광택이 나는 아름다운 색을 지녔지요. 금파리, 연두금파리, 푸른등금파리, 구리금파리, 검정뺨금파리 등등. 그러나 이들을 구별하기는 힘듭니다. 색이 다르다지만 단순히 색만으론 구별할 수 없습니다. 가슴등판에 난 센털의 개수 등 여러 가지를 고려해야 정확하게 분류할 수 있다고 합니다. 사진으로만 구별하기 힘든 이유이지요.

자료를 찾아보면 금파리와 연두금파리의 구별도 색이 아니라 가슴등판에 난 센털의 개수라고 합니다. 한가운데 센털은 2＋2이고 등 가운데 센털이

2+3이면 금파리, 한가운데 센털이 2+2이고 등 가운데 센털이 3+3이면 연두금파리라고 합니다.

사진으로 보면 흰색 테두리 안(한가운데 센털)에 있는 센털의 개수가 가슴의 앞방패판에 2개, 뒷방패판에 2개 있고, 노란색 테두리 안(등 가운데 센털)에 센털의 개수가 앞방패판에 2개 뒤방패판에 3개 있으면 금파리라고 합니다. 만약 노란색 테두리 안의 센털의 개수가 앞에 하나 더 있으면 연두금파리라고 합니다(곤충나라 식물나라 https://cafe.naver.com/lovessym/74551 참조).

이 책에서는 다양한 형태의 금파리를 담은 사진으로 대신합니다.

금파리 설명

(06. 18.)

(04. 29.)

(05. 13.)

(05. 13.)

(07. 05.)

(08. 18.)

(10. 05.)

금파리류(왼쪽) 쉬파리류(오른쪽)

(08. 31.)

금파리류

(08. 31.)

(05. 18.)

(06. 27.)

(09. 19.)

(11. 01.)

백강균에 감염된 금파리류

(08. 25.)

금파리류

(09. 14.)

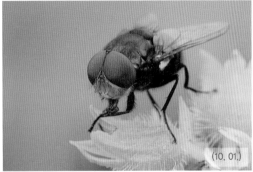

(10. 01.)

■■ 검은뺨금파리 몸길이는 13mm 내외다. 머리 아래쪽 양쪽이 광택을 띤 검은색이라 붙인 이름이다. 동물의 배설물이나 썩은 고기에 모인다. 겹눈은 붉은색이며 여느 금파리류에 비해 훨씬 더 크다. 가슴등판과 배 윗면은 광택을 띤 짙은 청록색이며 배마디 가장자리에 검은색 띠를 두르고 있다.
■■ 검은뺨금파리 추정 개체

(10. 01.)

(10. 01.)

(10. 16.)

(09. 23.)

■■ 푸른등금파리 몸길이는 8~10mm, 암컷은 겹눈이 떨어져 있다.
■■ 푸른등금파리 한가운데 센털은 1+2, 등가운데 센털은 2+3이다.
■■ 푸른등금파리 수컷은 겹눈이 붙어 있다.
■■ 푸른등금파리 제1~2 배마디 윗면은 광택이 있는 검푸른색이며 다른 배마디보다 색이 진하다.

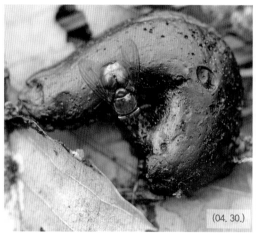

동물 배설물에 있는 푸른등금파리 암컷

푸른등금파리(왼쪽)와 금파리류(오른쪽)

동물 사체에 모여 있는 푸른등금파리, 금파리류, 쉬파리류

● 쉬파리과(쇠파리상과)

떠돌이쉬파리 몸길이는 8~14mm다. 동물의 사체나 배설물 등에 잘 모인다.

떠돌이쉬파리 가슴등판에 검은색 세로줄이 3줄 있다.

떠돌이쉬파리 다리는 검은색이며 긴 털이 나 있다.

떠돌이쉬파리 겹눈은 붉은색이며 이마에 검은색 줄이 나타난다.

떠돌이쉬파리 날개는 투명하며 기부 쪽은 갈색을 띤다.

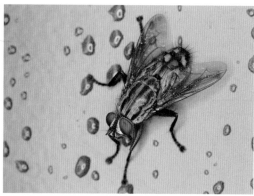

떠돌이쉬파리 배 윗면에 검은색의 조각 무늬가 있다.

떠돌이쉬파리 짝짓기 7월에 관찰한 모습이다.

떠돌이쉬파리 동물 배설물이나 사체에 모인다.

● 기생파리과(쇠파리상과)

똥보기생파리 몸길이는 5~7mm, 성충은 4~11월에 보인다.

똥보기생파리 논, 냇가, 숲 가장자리 등에서 보인다.

똥보기생파리 가슴등판은 황색 털로 덮여 있다. 배 윗면의 무늬가 떨어져 있으면 수컷이다.

똥보기생파리 암컷은 배 윗면의 무늬가 줄지어 있다.

똥보기생파리 암컷 얼굴

똥보기생파리 배 윗면의 무늬는 개체마다 차이가 있다.

뚱보기생파리 가슴등판과 배 윗면이 검은색인 개체다.

뚱보기생파리 배 윗면에 동그란 무늬가 세로로 있고 배 뒤쪽 좌우에도 무늬가 한 쌍 있는 개체다.

뚱보기생파리 배 윗면의 무늬가 끝부분에만 있으면 중국별뚱보기생파리다.

뚱보기생파리 애벌레는 기생생활을 하지만 성충은 주로 꽃에서 보인다.

뚱보기생파리 짝짓기 배 윗면의 무늬가 다르다. 위에 있는 개체가 수컷이다.

뚱보기생파리 짝짓기 짝짓기 후 암컷은 노린재류의 몸에 알을 낳는다. 알은 숙주 곤충의 몸에서 체액을 먹으며 기생생활을 하면서 번데기 시기까지 지내다가 성충이 되면 밖으로 나와 생활한다.

중국별뚱보기생파리 몸길이는 8~12mm, 성충은 6~10월에 보인다.

중국별뚱보기생파리 배 윗면의 검은색 무늬가 뒷부분에만 있어 뚱보기생파리와 구별된다.

중국별뚱보기생파리 수컷은 배 끝부분의 무늬가 암컷보다 넓다.

중국별뚱보기생파리 암컷은 배 끝부분의 무늬가 수컷보다 작다.

중국별뚱보기생파리 암컷 뚱보기생파리보다 몸이 납작하며 여느 기생파리류와 달리 몸에 털이 없고 매끈하다.

중국별뚱보기생파리 성충은 꽃에 모이지만 애벌레는 기생생활을 한다.

중국별뚱보기생파리 애벌레는 노린재류 몸에서 체액을 빨아 먹으며 기생생활을 한다. 뚱보기생파리와 습성과 생태가 비슷하다.

털기생파리 기생파리는 사진만으로 구별하기 어렵다. 털기생
파리로 추정되는 개체. 몸길이는 12mm 내외다.

털기생파리 암컷 겹눈이 떨어져 있다.

털기생파리 암컷 몸에 부드러운 털이 북슬북슬하다.

털기생파리의 크기를 짐작할 수 있다.

털기생파리 수컷 몸은 전체적으로 짙은 갈색이며 배마디마다 하
얀색 테두리가 있다. 부드러운 털로 덮여 있다. 생태 정보가 없다.

털기생파리 수컷 겹눈이 붙어 있다.

- 뒤영기생파리 몸길이는 10~18mm다. 뒤병기생파리로 알려졌으나 이름은 뒤영기생파리가 맞다. 애벌레는 나비류 애벌레 몸속에서 기생생활을 한다.
- 뒤영기생파리 성충은 6~10월에 활동한다.
- 뒤영기생파리 검은색의 배 윗면에 연한 노란색 가로줄 무늬가 선명하게 2줄 나타나며 짙은 갈색의 센털이 빽빽하다.

- 노랑털기생파리 몸길이는 15mm 내외, 성충은 4~10월에 활동한다.
- 노랑털기생파리 가슴등판은 황색의 짧은 털이 많고 각 배마디가 이어지는 가장자리는 갈색 띠를 두르고 있다.
- 노랑털기생파리 성충은 꽃꿀과 꽃가루를 먹지만 애벌레는 나방류 애벌레 몸에서 기생생활을 한다. 몸은 전체적으로 통통하며 누런색 털로 덮여 있다.

- 등줄기생파리 몸길이는 15mm 내외다. 배 등면에 짙은 세로줄이 있어 붙인 이름이다.
- 등줄기생파리 성충은 꽃가루를 먹지만 애벌레는 나방류 애벌레 몸속에서 기생생활을 한다.

등줄기생파리 날개는 투명하며 기부와 가장자리에 황색 무늬가 나타난다.

등줄기생파리 더듬이 제2마디는 연한 갈색이며 제3마디는 진한 갈색이다. 배 윗면에 기다란 센털이 듬성듬성 나 있다. 주로 산에서 생활한다.

표주박기생파리 몸길이는 8~10mm, 성충은 6~10월에 보인다. 성충은 꽃가루나 꽃꿀을 먹지만 애벌레는 노린재 몸속에서 기생생활을 한다.

표주박기생파리 배의 무늬가 개체마다 차이가 심한 종이다.

표주박기생파리 주로 낮에 활동하지만 밤에 꽃에서도 종종 보인다.

표주박기생파리 짝짓기

표주박기생파리 몸이 붉은색이 아닌 적갈색인 개체다.

노린재기생파리 몸길이는 6~8mm다. 가슴등판은 검은색이며 황금색 가로줄이 2줄 있다. 애벌레가 노린재류의 몸속에서 기생 생활을 하여 붙인 이름이다.

노린재기생파리 날개는 검은빛이며 배는 황갈색이지만 가운데 부분에 검은색 무늬가 나타난다.

검정수염기생파리 몸길이는 14~15mm, 암수의 얼굴 색이 다르다. 몸이 전체적으로 검은색이며 날개와 다리도 검은색이다.

검정수염기생파리 수컷은 이마가 금빛이며 암컷은 하얀색이다. 가슴등판은 회색이며 세로줄 무늬가 4줄 있다.

검정수염기생파리 짝짓기

검정수염기생파리 암컷

기생파리는 무늬와 색상이 참 다양합니다. 그만큼 구별하기도 어렵습니다. 다음 사진들은 생태 정보가 없거나 이름을 모르는 기생파리들입니다. 참고용으로 싣습니다.

노랑머리기생파리*Gonia klapperichi* (Mesnil) 학명과 국명만 있고 생태 정보는 없다.

북해도기생파리

검정띠기생파리

기생파리류 검정띠기생파리와 비슷하지만 가슴등판의 무늬와   넓적기생파리류
체형이 다르다.

참풍뎅이기생파리 몸길이는 9~12mm다. 풍뎅이의 애벌레에   참풍뎅이기생파리 배 윗면의 검은색 세로줄이 특징이다.
기생한다고 알려졌다.

참풍뎅이기생파리

(04. 09.)

(04. 12.)

(04. 17.)

(06. 08.)

(04. 17.)

(04. 30.)

(05. 17.)

(05. 27.)

기생파리류

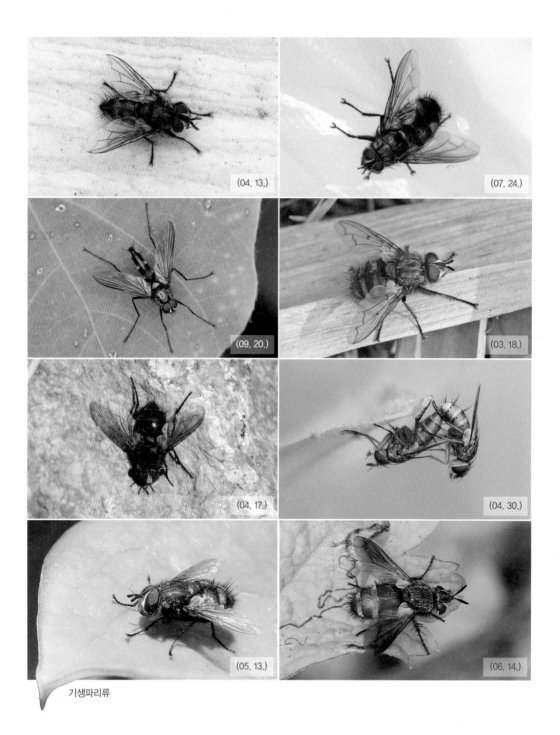

(04. 13.)

(07. 24.)

(09. 20.)

(03. 18.)

(04. 17.)

(04. 30.)

(05. 13.)

(06. 14.)

기생파리류

(06. 01.)

(05. 06.)

(03. 25.)

(04. 11.)

(09. 13.)

(08. 29.)

(00. 08.)

(04. 20.)

기생파리류

(03. 19.)

(05. 05.)

(07. 04.)

(04. 22.)

기생파리류

이른봄밤나방의 애벌레 몸에 기생파리 알이 잔뜩 붙어 있다.
그 옆에 기생파리 종류가 한 마리 보인다. 이 파리가 낳은 알인
지는 확인하지 못했다.

느티나무노린재 몸에 기생파리알 2개가 보인다.

● 꽃파리과(집파리하목 집파리상과)

검정띠꽃파리 몸길이는 4~6mm다.

검정띠꽃파리 암컷 겹눈이 떨어져 있다.

검정띠꽃파리 수컷 겹눈이 붙어 있다. 겹눈은 붉은색이며 황백색의 가슴등판에 검은색 가로띠가 있다. 가로띠 앞쪽에 세로띠가 있는 개체다.

검정띠꽃파리 수컷 가로띠 앞쪽에 세로띠가 없는 개체다.

검정띠꽃파리 초파리처럼 당밀이나 알코올성 물질에 모여든다. 가끔 배설물에 모여 있는 것도 보인다.

검정띠꽃파리 다리는 검은색이며 평균곤은 연한 미색이다.

검정띠꽃파리가 새똥을 먹고 있다.

검정띠꽃파리의 크기를 짐작할 수 있다.

● 집파리과(집파리하목 집파리상과)

집파리 몸길이는 7∼8mm, 성충으로 겨울을 난다. 이른 봄에 암컷이 알을 낳는다. 집 주변에 흔하게 보인다.

● 똥파리과(집파리하목 집파리상과)

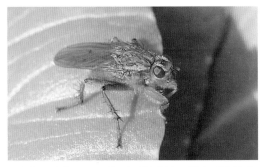

똥파리 몸길이는 10mm 정도다. 온몸에 부드러운 누런색 털이 덮여 있어 전체적으로 황갈색으로 보인다.

똥파리 가슴등판이 길쭉하며 노란색 줄무늬가 있다.

똥파리의 크기를 짐작할 수 있다.

똥파리 이마는 주황색이다. 날개는 투명하며 기부가 황갈색을 띤다.

똥파리 애벌레는 배설물, 퇴비 등에서 생활하지만 성충은 작은 곤충의 체액을 빨아 먹는 육식성이다.

똥파리 성충은 작은 곤충을 잡아 체액을 빨아 먹는다.

● 동애등에과(동애등에하목 동애등에상과)

동애등에 겹눈은 검은색이며 날개는 몸길이보다 길고 검은빛이 돈다. 가운뎃다리가 나머지 다리와 색이 다르다.

동애등에 몸길이는 13~20mm다. 애벌레가 음식물 처리 능력이 뛰어나 주목받고 있다.

동애등에 전체적으로 검은색이며 제2 배마디는 하얀색이다. 밤에 불빛에도 잘 찾아든다.

아메리카동애등에 몸길이는 12~20mm, 성충은 4~11월에 보인다.

아메리카동애등에 겹눈의 무늬와 가슴등판 가운데에 움푹 들어간 것이 동애등에와 구별된다.

아메리카동애등에 애벌레가 유기물 분해 능력이 뛰어나 음식물 처리에 이용되고 있다.

아메리카동애등에 더듬이가 길며 가슴등판 가로 홈에 연한 황갈색 털이 나 있다.

히라야마동애등에 몸길이는 10~13mm, 성충은 5~7월에 보인다.

히라야마동애등에 배가 넓적하며 몸 전체에 금색 털이 덮여 있다.

히라야마동애등에 수컷 겹눈이 붙어 있다.

히라야마동애등에 암컷 겹눈이 떨어져 있다.

히라야마동애등에 암컷 머리는 광택이 있는 검은색이며 이마가 혹처럼 튀어나왔다. 갈색의 겹눈에 짙은 가로 띠무늬가 나타난다.

히라야마동애등에 날개는 투명하며 배 끝을 넘는다.

히라야마동애등에(*Odontomyia hirayamae* Matsumura, 1916) 국명은 학명의 종소명에서 따왔다.

범동애등에 몸길이는 10~13mm, 성충은 6~9월에 보인다. 더듬이 앞쪽은 갈색이며 위는 흑갈색이다. 작은방패판 뒤로 가시 같은 돌기가 한 쌍 있다.

범동애등에 넓적한 배는 녹색 또는 노란색이며 검은색 물결무늬가 있다. 이 무늬가 호랑이(범) 무늬처럼 보여 붙인 이름이다.

범동애등에 겹눈에 가로 띠무늬가 선명하고 겹눈 사이에 흑갈색 점무늬가 한 쌍 있다.

범동애등에 애벌레 논이나 연못 등의 물속에서 생활한다.

438

꼬마동애등에 수컷 몸길이는 4~5mm다. 몸은 광택이 나는 청록색이다.

꼬마동애등에 수컷 붉은색 겹눈이 매우 크며 서로 붙어 있다.

꼬마동애등에 뒷날개가 변형된 평균곤이 뚜렷하다.

꼬마동애등에 암컷 수컷보다 겹눈이 작고 서로 떨어져 있다.

꼬마동애등에 암컷 날개는 투명하며 배 끝을 넘는다. 평균곤은 연한 노란색이다.

남색멋동애등에 몸길이는 11~15mm다. 수컷은 겹눈이 조금 떨어져 있고 암컷은 더 떨어져 있다. 색도 개체마다 다르다. 배는 가늘고 길며 암컷은 배 뒤가 굵다.

멋동애등에 남색멋동애등에와 비슷하지만 색이 좀 다르다. 겹눈의 무늬가 독특하다.

멋동애등에 가슴등판 가장자리에 부드러운 하얀색 털이 둘러져 있다.

멋동애등에 몸은 광택이 나는 청록색이며 날개는 투명한 흑갈색이다. 생태 정보가 없다.

방울동애등에 몸길이는 7~9mm, 성충은 5~6월에 많이 보인다.

방울동애등에 암수가 비슷하게 생겼지만, 겹눈이 크고 서로 붙어 있는 것이 수컷이다. 작은방패판 뒤로 짧은 가시 돌기가 4개 있다.

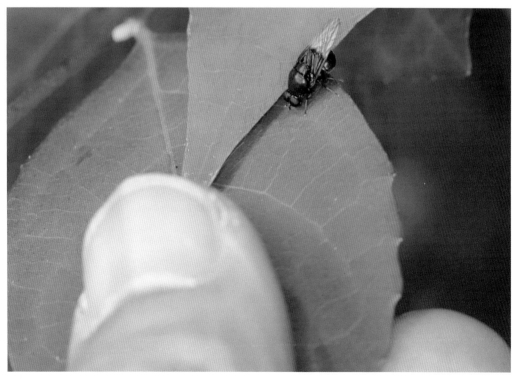

방울동애등에의 크기를 짐작할 수 있다.

방울동애등에 날개가 매우 크며 날개 기부는 흑갈색, 나머지는
흐린 갈색이며 가장자리는 황갈색을 띤다.

누런얼룩동애등에 몸길이는 13~23mm다. 커다란 겹눈이 오묘하
다. 더듬이와 몸은 붉은빛을 띤 누런색이다.

누런얼룩동애등에 배는 길고 뾰족하며 배마디 가운데에 검은
색 무늬가 있다.

누런얼룩동애등에 날개는 크고 황색이나 끝은 연한 흑색이며 뒤
의 절반은 약간 흐리다. 다리는 가늘고 길며 황적색이다.

● 등에과(등에하목 등에상과)

깨다시등에 몸길이는 10~13mm, 성충은 6~8월에 보인다. 밤에 불빛에 잘 날아온다.

깨다시등에 겹눈 사이에 검은색 점 한 쌍이 있다. 날개에는 가느다란 하얀색 무늬들이 물결처럼 복잡하게 나타난다.

재등에 몸길이는 17~19mm, 성충은 6~9월에 많이 보인다.

재등에 성충은 나무 수액을 먹는 초식성, 애벌레는 지렁이 등을 먹는 육식성이라고 한다.

재등에 암컷 가슴등판에 세로줄이 5줄 있다. 암컷은 겹눈이 살짝 떨어졌다.

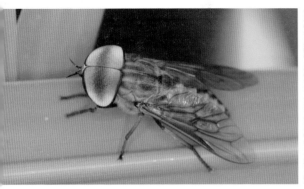

재등에 수컷 겹눈이 매우 커서 얼굴을 거의 차지하며 서로 붙어 있다.

재등에 배 가운데 부분에 하얀색 삼각형 무늬가 줄지어 있다. 몸에 기생성 응애가 붙어 있다.

갈로이스등에 몸길이는 19~20mm, 성충은 6~8월에 보인다.

갈로이스등에의 크기를 짐작할 수 있다.

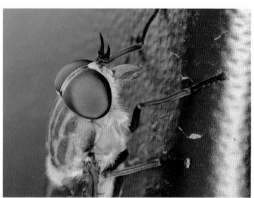

갈로이스등에의 겹눈과 주둥이

갈로이스등에 재등에와 비슷하지만 배 윗면의 무늬가 다르다. 제 3~4 배마디의 무늬가 크다. 겹눈이 붙어 있는 것을 보니 수컷이다.

갈로이스등에 암컷 겹눈이 서로 떨어져 있다.

- ■■■ 왕소등에 몸길이는 21~26mm, 성충은 6~8월에 보인다. 가슴등판 앞쪽에 노란색 세로줄 무늬가 한 쌍 있다.
- ■■■ 왕소등에 우리나라에 사는 파리목 곤충 중에서 아주 큰 종에 속한다. 애벌레는 동물의 배설물이나 다른 파리류의 애벌레를 잡아먹으며 성충은 소나 말 같은 포유동물의 피를 빨아 먹는다.
- ■■■ 왕소등에 암컷은 겹눈이 떨어져 있다. 말벌을 의태했다.
- ■■■ 왕소등에 수컷 겹눈이 붙어 있다.
- ■■■ 왕소등에 암컷
- ■■■ 왕소등에 암컷

- ■■ 황능에붙이 몸길이는 12~14mm, 성충은 7~9월에 보인다. 수컷은 겹눈이 붙어 있다.
- ■■ 황등에붙이 몸 전체에 짧은 황갈색의 털이 촘촘하다. 수컷은 주로 꽃가루나 수액을 먹지만 암컷은 동물의 피를 빨아 먹는다.

● 점밑들이파리매과(밑들이파리매하목 밑들이파리매상과)

얼룩점밑들이파리매 몸길이는 12~16mm다. 몸은 전체적으로 검은색이며 황색 무늬가 있다. 앞가슴, 가운데가슴, 뒷가슴 옆면에 노란색 점무늬가 각각 한 쌍 있다.

얼룩점밑들이파리매 파리매과나 밑들이파리매과가 아니라 점밑들이파리매과다.

얼룩점밑들이파리매 배 윗면과 다르게 배 아랫면이 회색빛을 띤 하얀색이다.

얼룩점밑들이파리매 대부분 점무늬가 노란색이지만 하얀색을 띠는 개체도 있다.

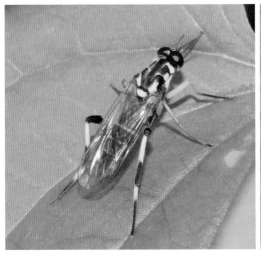

얼룩점밑들이파리매 날개는 투명하며 기부는 약간 노란빛이
돈다. 작은방패판 뒤쪽도 노란색이다.

얼룩점밑들이파리매 얼룩무늬가 군복이 연상되었는지 영어권에
서는 'wood soldier flies'라고 한다.

얼룩점밑들이파리매 짝짓기 왼쪽이 암컷이다.

얼룩점밑들이파리매 짝짓기 6월 말에 관찰한 모습이다.

● 밑들이파리매과(밑들이파리매상과)

밑들이파리매 날개까지 길이는 20mm 내외다. 작은방패판 뒤쪽에 가시 돌기가 2개 있는 것이 특징이다. 가슴등판에 세로줄 무늬가 선명하고 날개는 광택이 나며 황색 빛이 돈다.

밑들이파리매 작은방패판 뒤의 가시 2개가 뚜렷하다.

밑들이파리매 배가 살짝 들려서 붙인 이름이다.

밑들이파리매 평균곤은 작은방패와 같은 연한 노란빛이다.

밑들이파리매과 *Xylophagus* sp. 정확한 국명과 생태 등에 대한 정보가 없다.

밑들이파리매과 *Xylophagus* sp. 크기를 짐작할 수 있다.

밑들이파리매과 *Xylophagus* sp.

밑들이파리매과 *Xylophagus* sp.

● 노린내등에과(밑들이파리매상과)

노린내등에과로 독립해서 다루는 자료도 있고, 밑들이파리매과 노린내등에
아과로 다루기도 합니다. 몸에서 노린내가 난다고 합니다.

일본노린내등에 몸길이는 15∼18mm, 말벌을 의태했다. 전체적으로 황색이며 가슴등판과 배 윗면에 검은색 줄무늬가 선명하다. 날
개에도 검은색 띠무늬와 얼룩무늬가 있다.

일본노린내등에 누런빛이 도는 날개는 반투명하며 몸 전체에
부드러운 누런 털이 덮여 있다.

일본노린내등에 날개를 펼치자 파리 집안답게 평균곤이 뚜렷하
게 보인다.

18
날도래목

날도래는 곤충강 유시아강 신시류 내시류에 속하는 무리로 주로 애벌레가 물속 생활을 하는 수서곤충입니다. 성충도 냇가, 계곡이나 하천 주변 등에서 활동합니다. 나방과 생김새가 비슷하지만 날개에 비늘가루 대신 털이 있는 점이 다릅니다. 쉴 때는 날개를 배 위에 지붕처럼 포개 접습니다. 더듬이는 길며 대부분 씹어 먹는 입틀(구기)이 있습니다.

성충의 수명은 대략 10~30일이며 짝짓기를 마친 암컷은 물속의 돌이나 수초 등에 300~1000개의 알을 낳는다고 합니다. 애벌레는 물속에서 집을 만들어 생활하거나 집 없이 자유롭게 생활합니다. 밤에 불빛에도 잘 찾아옵니다.

날도래목	애우묵날도래과	애우묵날도래 등
	줄날도래과	곰줄날도래 등
	둥근얼굴날도래과	찬얼굴날도래 등

날도래목	채다리날도래과	채다리날도래 등
	별날도래과	별날도래 등
	광택날도래과	큰광택날도래 등
	가시날도래과	일본가시날도래 등
	달팽이날도래과	달팽이날도래 등
	긴발톱물날도래과	긴발톱물날도래 등
	줄날도래과	동양줄날도래, 큰줄날도래 등
	애날도래과	꼬마애날도래 등
	네모집날도래과	네모집날도래, 흰점네모집날도래 등
	나비날도래과	청나비날도래 등
	우묵날도래	띠무늬우묵날도래, 모시우묵날도래 등
	날개날도래과	날개날도래 등
	바수염날도래과	바수염날도래, 수염치레날도래 등
	입술날도래과	각시입술날도래, 긴꼬리입술날도래 등
	날도래과	굴뚝날도래 등
	둥근날개날도래과	둥근날개날도래 등
	깃날도래과	깃날도래, 참깃날도래 등
	통날도래과	꼬마통날도래, 참통날도래 등
	물날도래과	검은머리물날도래 등
	털날도래과	동양털날도래 등
	각날도래과	수염치레각날도래
	가시우묵날도래과	가시우묵날도래 등

굴뚝날도래(날도래과) 몸길이는 26~20mm, 날개편길이는 60mm다. 성충은 5~6월 계곡 주변에서 보인다. 날개는 인편(비늘가루)이 없고 매끄러운 느낌이다.

굴뚝날도래 뒷날개 바깥 테두리만 검은색이고 전체가 담황색이다. 별다른 무늬는 없다.

굴뚝날도래 날도래 중 대형종이며 1년에 1회 나타난다. 앞날개는 담황색이며 크고 검은색 점무늬가 흩어져 있다.

굴뚝날도래 겹눈이 튀어나왔고 마디가 있는 수염(작은턱수염, 아랫입술수염)이 있다.

(05. 16.)

굴뚝날도래
낮에도 많이 보이며
밤에도 불빛에 잘 찾아든다.

굴뚝날도래 짝짓기

굴뚝날도래의 크기를 짐작할 수 있다.

굴뚝날도래 애벌레 주로 유속이 느린 계곡의 습지에서 보인다.

굴뚝날도래 애벌레 머리 위쪽에 밝은 갈색 줄이 3줄 있다.

굴뚝날도래 애벌레 나뭇잎을 이용해 긴 원통형의 집을 짓는다. 몸이 집에 붙어 있지 않아 집 안에서 방향을 바꿀 수 있다. 반대편으로도 나올 수 있다.

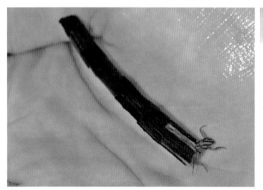

굴뚝날도래 애벌레 몸길이는 40~80mm다.

굴뚝날도래 애벌레 집

띠무늬우묵날도래(우묵날도래과) 몸길이는 20~25mm, 성충은 3~5월에 많이 보인다.

띠무늬우묵날도래 주로 계곡 주변에서 생활한다.

띠무늬우묵날도래의 크기를 짐작할 수 있다.

띠무늬우묵날도래 더듬이는 길며 겹눈이 튀어나왔다. 날개맥이 매우 독특하다.

띠무늬우묵날도래 머리와 가슴 연결 부위가 노란색이라 목도리를 두른 것 같다. 다리는 검은색이고 작은턱수염은 황색이다.

띠무늬우묵날도래 날개 무늬와 다리 색이 다른 개체다. 같은 종의 개체 변이인지 아니면 다른 종인지 현재로선 알 수 없다.

띠무늬우묵날도래 앞의 개체와 다리 색과 날개 무늬가 다른 개체다.

띠무늬우묵날도래 짝짓기 4월 말에 본 장면이다.

띠무늬우묵날도래 애벌레 몸길이는 30~35mm다.

띠무늬우묵날도래 애벌레 작은 돌과 나뭇가지로 집을 지었다.

띠무늬우묵날도래 애벌레 집 돌, 나뭇가지 등이 쉽게 뗄 수 없을 만큼 단단히 붙어 있다. 애벌레가 입에서 점액질을 토해내 붙인 것이다. 크기를 짐작할 수 있다.

띠무늬우묵날도래 머리, 앞가슴, 가운데가슴 윗면에 진한 갈색 반점이 빽빽하다.

띠무늬우묵날도래 애벌레 돌에 붙은 조류를 먹고 있다.

띠무늬우묵날도래 애벌레 집 번데기가 되기 위해 바위에 집을 고정했다.

띠무늬우묵날도래 애벌레 집 속에는 번데기 상태다.

띠무늬우묵날도래 애벌레 나뭇가지와 나뭇잎으로 집을 만들었다. 배 끝이 집 안쪽에 붙어 있다.

띠무늬우묵날도래 애벌레 집 나뭇잎만으로 집을 짓기도 한다.

띠무늬우묵날도래 애벌레 나뭇잎 집

띠무늬우묵날도래 애벌레 집 나뭇잎을 오리고 붙여서 정교하게
지었다.

띠무늬우묵날도래 애벌레 집 밖으로 머리를 내밀고 있다.

띠무늬우묵날도래 애벌레 머리에 진한 갈색 반점들이 빽빽하다.

띠무늬우묵날도래 애벌레 물속에서 이동하는 모습이다.

띠무늬우묵날도래 애벌레 바위에 붙은 이끼를 먹고 있다.

띠무늬우묵날도래 애벌레 물 밖으로 이동하고 있다.

띠무늬우묵날도래 애벌레 물 밖에서도 잘 걷는다.

띠무늬우묵날도래 애벌레의 다양한 집

띠무늬우묵날도래 애벌레의 나뭇가지 집과 나뭇잎 집

띠무늬우묵날도래 애벌레가 나뭇가지로만 지은 집

띠무늬우묵날도래 날개돋이

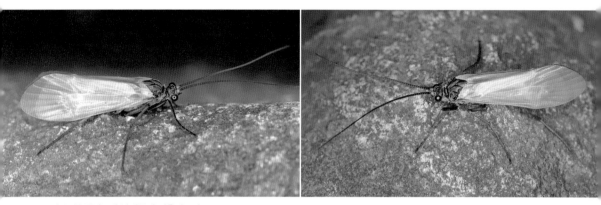

띠무늬우묵날도래 날개돋이 직후의 모습

둥근날개날도래 맑은 냇물이나 계곡 주변에서 보인다.

둥근날개날도래(둥근날개날도래과) 몸길이는 17mm 내외, 성충은 4~10월에 보인다.

둥근날개날도래 앞날개가 넓고 날개 가장자리 끝부분에 검은색 무늬가 있다.

둥근날개날도래 날개돋이 직후의 모습

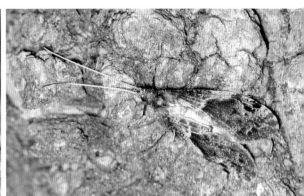

둥근날개날도래 날개돋이 후 날개를 말리고 있다.

둥근날개날도래 날개의 얼룩무늬가 보호색 역할을 한다.

둥근날개날도래 애벌레 집 다양한 식물 조각으로 흐물흐물한 집을 만든다.

둥근날개날도래 애벌레 집 다양한 식물 조각을 이용했다.

둥근날개날도래 애벌레 집

네모집날도래 KUb 애벌레 집

둥근날개날도래 애벌레 집 네모집날도래 KUb 애벌레 집이 붙어 있다.

둥근날개날도래 애벌레 산간 습지 등에서 관찰된다.

둥근날개날도래 애벌레 얼굴

둥근날개날도래 애벌레 몸길이는 25～30mm다. 머리와 가슴 등판은 짙은 갈색이며 배가 노란색이다.

둥근날개날도래 번데기 방 양쪽에 돌을 막고 번데기가 되었다.

둥근날개날도래 번데기 방

우리나라 나비날도래속에는 청나비날도래와 청동나
비날도래 2종이 서식한다고 합니다. 이 둘은 겉모습
으로는 구별이 어렵고 생식기를 봐야만 구별할 수
있다고 합니다. 여기에서는 '청(청동)나비날도
래'라고 이름표를 붙입니다.

청(청동)나비날도래 몸길이는 8mm 내외로 5~6월에 많이 보
인다.

청(청동)나비날도래 앞다리가 매우 발달했다. 더듬이는 몸길이를
훌쩍 넘으며 하얀색과 검은색의 고리 무늬가 교대로 나타난다.

청(청동)나비날도래 붉은색 겹눈이 매우 크며 날개는 광택이
나는 청람색이다.

청(청동)나비날도래 밤에 불빛에도 잘 찾아든다.

청(청동)나비날도래 애벌레 유속이 약간 느린 강의 가장자리에서 주로 관찰된다.

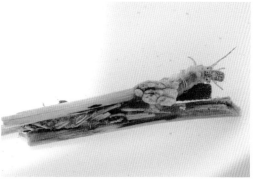

청(청동)나비날도래 애벌레 몸길이는 5~10mm, 머리와 가슴에 갈색의 반점이 흩어져 있다.

청(청동)나비날도래 번데기 방

청(청동)나비날도래의 크기를 짐작할 수 있다.

청(청동)나비날도래 청람색 날개에 세로 맥이 선명하다. 날개 뒷부분에서 갑자기 절단된 듯 날개가 꺾여 모양이 독특하다. 봄날 저수지 주변에서 많이 보인다.

바수염날도래과에 바수염날도래와 수염치레날
도래가 있습니다. 그런데 둘은 애벌레, 애벌레 집, 성
충의 모습이 거의 비슷합니다. 개체가 같은데도 어떤
책에서는 바수염날도래로, 어떤 책에서는 수염치레
날도래라고 하니 혼란스럽습니다. 학명이 다른 것을
보면 분명 종이 다른데 왜 이런 상황이 벌어졌는지 이
해하기가 힘듭니다. 여기에서는 『물속생물도감』(자연과생
태, 2013)에 따라 일단 수염치레날도래로 이름표를 붙입니다.

수염치레날도래(바수염날도래과) 날개는 검은색이며, 더듬이와
다리가 하얀색을 띠는 개체와 전체가 다 검은색인 개체가 있다.

수염치레날도래 더듬이 끝이 하얀색인 개체가 대개 수컷이다.

수염치레날도래 수컷 더듬이 끝이 묘하게 구부러졌다.

수염치레날도래 암컷 더듬이까지 검은색인 개체다.

466

수염치레날도래 짝짓기 더듬이가 하얀색이 수컷이다.

수염치레날도래 짝짓기 더듬이가 하얀색이 수컷이다.

수염치레날도래 애벌레 머리는 황갈색이며 진한 갈색의 세로줄
무늬가 3개다. 주로 깨끗한 산지 계곡에서 볼 수 있다.

수염치레날도래 짝짓기 위에 있는 개체가 수컷이다. 더듬이가
모두 검은색이다.

수염치레날도래 애벌레 집 작은 모래 알갱이를 붙여 매끈한 원
통형 집을 짓는다. 애벌레의 몸길이는 10∼14mm다. 돌 위를 기어
다니며 부착조류를 먹거나 작은 유기물을 먹는다.

수염치레날도래 번데기 방 앞뒤를 돌멩이로 막고 안에서 번데 기가 되었다.

수염치레날도래 번데기 방

긴발톱물날도래 애벌레(긴발톱물날도래과)

긴발톱물날도래 애벌레 연한 갈색을 띠며, 아직 어린 개체로 보인다.

긴발톱물날도래 애벌레 몸길이는 15mm 정도로, 머리는 노란색이며 뒤 끝부분은 검은색 테두리로 둘러져 있다. 몸은 옥색빛이나 연한 갈색빛을 띠기도 한다. 옥색의 애벌레가 많이 보인다.

긴발톱물날도래 애벌레 깨끗한 계곡에서 주로 보인다. 늦봄과 여름에 성충으로 날개돋이한다.

긴발톱물날도래 번데기 방 작은 돌멩이로 담을 두르고 그 위에 커다란 돌을 붙인다. 가끔 돌 대신 나뭇잎을 붙이기도 한다.

긴발톱물날도래 번데기 방

긴발톱물날도래 번데기 방의 크기를 알 수 있다.

긴발톱물날도래 번데기 방

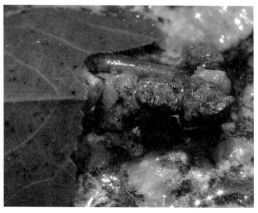

긴발톱물날도래 번데기 방 돌 대신 나뭇잎을 덮어 놓았다.   긴발톱물날도래 번데기 방 안에 푸른빛 고치가 보인다.

긴발톱물날도래 번데기

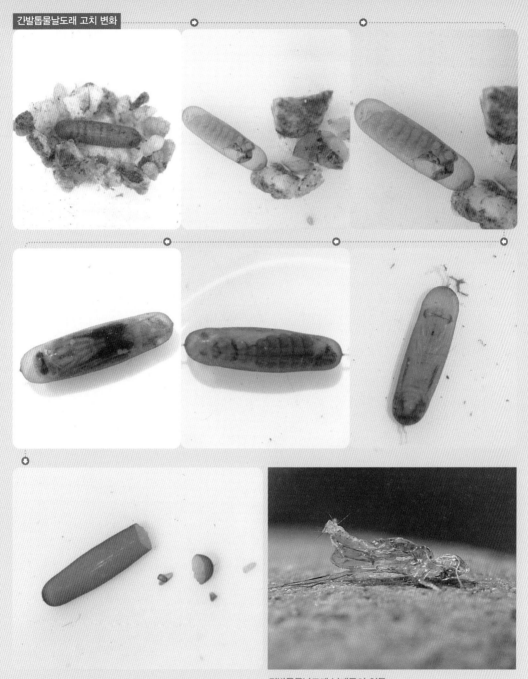

긴발톱물날도래 날개돋이 허물

긴발톱물날도래 성충

긴발톱물날도래 성충 아랫면

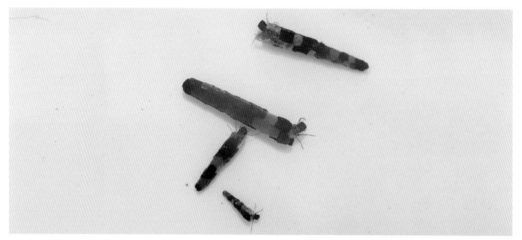

네모집날도래(네모집날도래과) 애벌레 몸길이는 8~12mm다.

네모집날도래 애벌레 평지 하천, 물이 맑은 연못이나 계곡 등의 물 흐름이 완만한 곳에서 주로 보인다.

네모집날도래 KUa와 KUb는 기관아가미의 개수로 구별하지만 집의 모양으로 구별하기도 한다. 뒤로 갈수록 좁아지면 KUb다.

네모집날도래 애벌레 머리와 가슴등판이 짙은 갈색이며 얼굴에 밝은 반점이 흩어져 있다.

네모집날도래 KUb 애벌레 몸길이는 8~12mm다. 집이 뒤로 갈수록 좁아진다. KUa와 같은 곳에 산다.

네모집날도래 번데기 방 앞뒤에 돌을 붙여 번데기 방을 만들었다.

네모집날도래 KUb의 크기를 짐작할 수 있다.

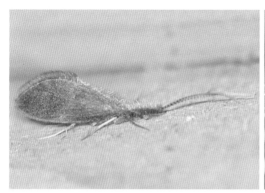

네모집날도래류 날개돋이는 봄과 여름에 이루어진다.

날도래류의 짝짓기(05. 30.)

네모집날도래류 밤에 불빛에도 잘 찾아든다.(06. 11.)

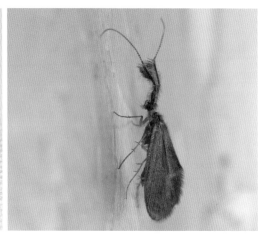

네모집날도래류 더듬이가 멋지다.

네모집날도래류 짝짓기(05. 28.)

흰점네모집날도래(06. 22.)

흰점네모집날도래 날개에 하얀색 점무늬가 있다.

흰점네모집날도래

꼬마줄날도래(줄날도래과) 애벌레 머리 윗면은 갈색이며 앞 가장자리 가운데 가 오목하게 들어갔다.

꼬마줄날도래 애벌레 배마디에 하얀색 가지 같 은 기관아가미가 있다.

꼬마줄날도래 애벌레 몸길이는 10~ 13mm다. 주로 유기물질이 풍부한 하천 의 중류에서 관찰된다.

동양줄날도래(줄날도래과) 애벌레 몸길이 는 12~15mm다. 유기물이 풍부한 하천 의 중류에서 관찰된다.

동양줄날도래 애벌레 머리 윗면은 전체적으로 검은색이다.

동양줄날도래 애벌레 돌 표면에 분비 물로 그물 같은 견사망을 만들고 떠내 려가는 유기물을 걸러 먹는다.

큰줄날도래(줄날도래과) 몸길이는 8~ 14mm. 날개편길이는 23mm 정도다.

큰줄날도래 5월부터 보이기 시작해 가을까지 활동한다. 앞날개에 짙은 갈색의 줄무늬가 그물 무늬처럼 보인다. 여름밤 불빛에 잘 찾아든다.

큰줄날도래 애벌레 하천의 중상류에 서식하면서 돌 등에 견사망을 그물처 럼 치고 유기물을 걸러서 먹는다. 날도 래 중 크기가 큰 편이다.

흰띠꼬마줄날도래(줄날도래과) 날개는 검은색이며 하얀색 띠무늬가 발달했다. 밤에 불빛에도 잘 찾아든다.

날개날도래(날개날도래과) 애벌레 몸길이는 10～15mm로, 유속이 느린 하천의 모래가 깔린 곳에서 생활한다. 머리 윗면에 짙은 갈색의 V 자 무늬가 있다.

날개날도래 배마디에 하얀색의 기관아가미가 있다.

날개날도래 애벌레 모래로 원뿔 모양으로 납작한 집을 짓는다.

날개날도래 더듬이는 몸길이만큼 길고 폭이 좁은 날개에는 갈색 얼룩이 흩어져 있다.

애우묵날도래(우묵날도래과) 애벌레
몸길이는 8~10mm다. 용존산소가
풍부한 산지 계곡에 서식한다. 작은
모래로 집을 짓는다.

애우묵날도래 애벌레 아랫면

애우묵날도래 번데기 방
집을 돌에 붙이고 안에서 번데기가 되었다.

검은머리물날도래(물날도래과) 애벌레 몸길이는 20~25mm다.
집을 짓지 않는 날도래로 머리가 검은색이다. 산골짜기 시냇물
과 용존산소가 풍부한 평지 하천에 서식한다. 유속이 완만한 여
울을 기어 다니면서 작은 수생생물을 잡아먹는다.

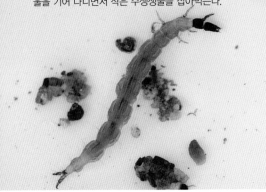

검은머리물날도래 애벌레 배마디는 흐릿한 미색으로 겉에 드
러난 기관아가미가 없다.

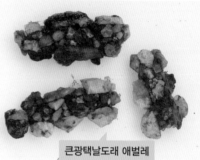

애우묵날도래 애벌레

큰광택날도래 애벌레

큰광택날도래(광택날도래과) 애벌레 몸길이는 5∼8mm다. 물 흐름이 있는 깨끗한 산골짜기 시냇물에 서식한다. 돌 알갱이로 불규칙한 모양의 집을 짓고 산다.

큰광택날도래 애벌레와 애우묵날도래 애벌레 크기 비교

다양한 모양의 큰광택날도래 애벌레 집

큰광택날도래가 집을 돌에 붙여 번데기 방을 만들었다.

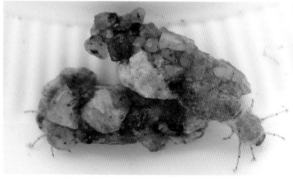

광택날도래(광택날도래과) 애벌레 집 큰광택날도래 애벌레 집과 비슷하지만 위가 볼록한 것이 다르다.

광택날도래 애벌레 몸길이는 10∼15mm다. 깨끗한 산골짜기 시냇물에 서식하며 규조류와 미세한 유기물을 걸러 먹는다.

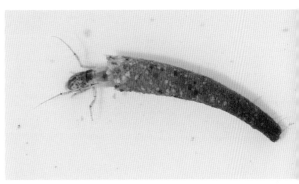

나비날도래 KUa(나비날도래과) 애벌레 몸길이는 10mm 내외로, 자갈 등이 바닥에 깔린 하천과 폭이 넓은 강에 서식한다.

나비날도래 KUa 애벌레 머리는 길이가 너비보다 길며 윗면에 짙은 반점이 많다. 유기물 등을 먹는 잡식성이다. 가는 모래로 아래쪽이 좁고 가늘고 긴 원뿔 모양의 집을 짓는다.

채다리날도래류(채다리날도래과) 애벌레 집 국명이 없다. 몸길이는 15mm 정도다. 나뭇잎 두 장을 겹쳐서 집을 짓는다.

채날도래류(국명 없음) 애벌레 수온이 낮고 물살이 느린 산골짜기 시냇물에 서식한다.

채다리날도래류(국명 없음) 집 안에서 번데기가 되려고 한다.

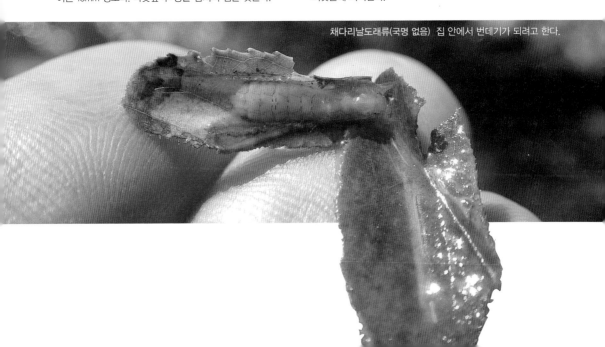

우묵날도래(우묵날도래과) 몸길이는 20〜25mm다. 더듬이는 몸길이보다 길고 앞날개의 바깥 가장자리가 물결 모양이다.(07. 11.)

우묵날도래 봄부터 여름까지 관찰된다.

우묵날도래 날개 모양과 무늬가 독특하다.

(05. 31.)

(05. 15.)

(05. 31.)

날도래류

| 참고 자료 |

• 도서

권순직·전영철·박재홍,『물속생물도감』, 자연과생태, 2013

김명철·천승필·이존국,『하천생태계와 담수무척추동물』, 지오북, 2013

김상수·백문기,『한국 나방 도감』, 자연과생태, 2020

김선주·송재형,『한국 매미 생태 도감』, 자연과생태, 2017

김성수 글·서영호 사진,『한국 나비 생태도감』, 사계절, 2012

김성수,『나비·나비』, 교학사, 2003

김용식,『한국나비도감』, 교학사, 2002

김윤호·민홍기·정상우·안제원·백운기,『딱정벌레』, 아름원, 2017

김정환,『한국 곤충기』, 진선북스, 2008

_____,『한국의 딱정벌레』, 교학사, 2001

김태우,『메뚜기 생태도감』, 지오북, 2013

_____,『곤충 수업』, 흐름출판, 2021

동민수,『한국 개미』, 자연과생태, 2017

박규택 저자 대표,『한국곤충대도감』, 지오북, 2012

박해철·김성수·이영보,『딱정벌레』, 다른세상, 2006

백문기,『한국밤곤충도감』, 자연과생태, 2012

_____,『화살표 곤충도감』, 자연과생태, 2016

백문기·신유항,『한반도 나비 도감』, 자연과생태, 2017

손재천,『주머니 속 애벌레 도감』, 황소걸음, 2006

신유항,『원색 한국나방도감』, 아카데미서적, 2007

아서 브이 에번스·찰스 엘 벨러미 지음, 리사 찰스 왓슨 사진, 윤소영 옮김,『딱정벌레의 세
    계』, 까치, 2002

안수정·김원근·김상수·박정규,『한국 육서 노린재』, 자연과생태, 2018

안승락,『잎벌레 세계』, 자연과생태, 2013

안승락· 김은중, 『잎벌레 도감』, 자연과생태, 2020

이강운, 『캐터필러 1』, 도서출판 홀로세, 2016

이영준, 『우리 매미 탐구』, 지오북, 2005

임권일, 『곤충은 왜?』, 지성사, 2017

임효순· 지옥영, 『식물혹 보고서』, 자연과생태, 2015

자연과생태 편집부 엮음, 『곤충 개념 도감 』, 필통 자연과생태, 2009

장현규· 이승현· 최웅, 『하늘소 생태도감』, 지오북, 2015

정계준, 『한국의 말벌』, 경산대학교출판부, 2016

_____, 『야생벌의 세계』, 경상대학교출판부, 2018

정광수, 『한국의 잠자리 생태도감』, 일공육사, 2007

정부희, 『버섯살이 곤충의 사생활』, 지성사, 2012

_____, 『먹이식물로 찾아보는 곤충도감 』, 상상의숲, 2018

_____, 『정부희 곤충학 강의』, 보리, 2021

최순규· 박지환, 『나의 첫 생태도감』(동물편), 지성사, 2016

허운홍, 『나방 애벌레 도감 1』, 자연과생태, 2012

_____, 『나방 애벌레 도감 2』, 자연과생태, 2016

_____, 『나방 애벌레 도감 3』, 자연과생태, 2021

• 인터넷 사이트

곤충나라 식물나라(https://cafe.naver.com/lovessym)

국가생물종정보시스템(http://www.nature.go.kr)

한반도생물자원포털(https://species.nibr.go.kr)

| 찾아보기 |

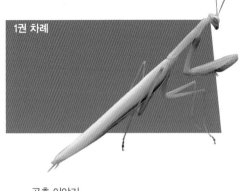

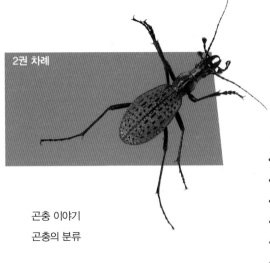